高等职业教育水利类新形态系列教材

混凝土材料检测实训手册（活页式）

主　编　刘秀珍　危加阳　鲁俊蓉
副主编　李红强　杨大明　陈耀强　李景坚

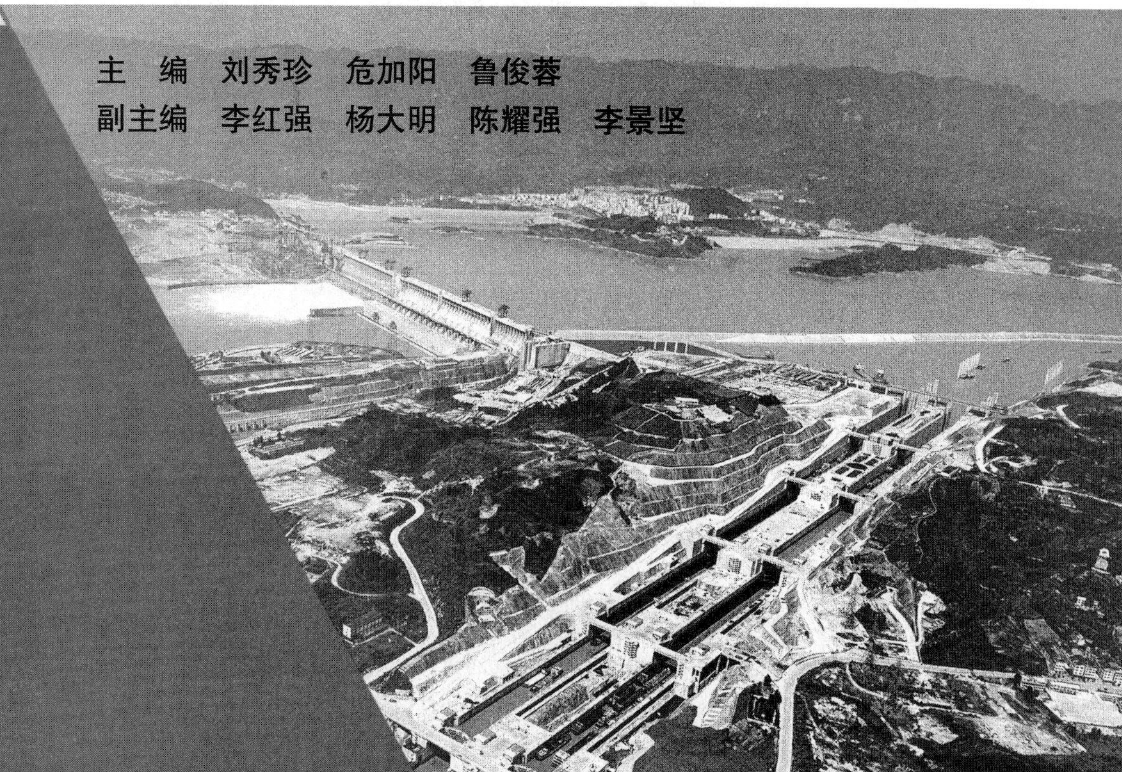

·北京·

内 容 提 要

本教材由校企合作共同开发,以企业实际工程混凝土材料检测任务组织内容并设置学习情景,培养学生混凝土材料检测能力与工匠精神。同时本教材内容也是学习专业课程的基础,主要包括水泥性能检测、细骨料性能检测、粗骨料性能检测、混凝土性能检测、砂浆性能检测、钢筋性能检测等。

本教材可作为高等职业院校水利类及土建类专业的教学用书,也可作为相关工程技术人员的参考用书。

图书在版编目（CIP）数据

混凝土材料检测实训手册 : 活页式 / 刘秀珍, 危加阳, 鲁俊蓉主编. -- 北京 : 中国水利水电出版社, 2024.9
高等职业教育水利类新形态系列教材
ISBN 978-7-5226-2021-3

Ⅰ. ①混… Ⅱ. ①刘… ②危… ③鲁… Ⅲ. ①混凝土－检测－高等职业教育－教材 Ⅳ. ①TU528

中国国家版本馆CIP数据核字(2024)第005613号

书　　名	高等职业教育水利类新形态系列教材 **混凝土材料检测实训手册（活页式）** HUNNINGTU CAILIAO JIANCE SHIXUN SHOUCE (HUOYESHI)
作　　者	主　编　刘秀珍　　危加阳　　鲁俊蓉 副主编　李红强　　杨大明　　陈耀强　　李景坚
出版发行	中国水利水电出版社 （北京市海淀区玉渊潭南路1号D座　100038） 网址：www.waterpub.com.cn E-mail：sales@mwr.gov.cn 电话：(010) 68545888（营销中心）
经　　售	北京科水图书销售有限公司 电话：(010) 68545874、63202643 全国各地新华书店和相关出版物销售网点
排　　版	中国水利水电出版社微机排版中心
印　　刷	北京市密东印刷有限公司
规　　格	184mm×260mm　16开本　8印张　190千字
版　　次	2024年9月第1版　2024年9月第1次印刷
印　　数	0001—2000册
定　　价	32.00元

凡购买我社图书，如有缺页、倒页、脱页的，本社营销中心负责调换
版权所有·侵权必究

前 言

随着我国职业教育的蓬勃发展，校企合作、协同育人成为职业教育培养高素质技能人才的有效途径。本教材由广东水利电力职业技术学院与广东省建筑科学研究院集团股份有限公司校企合作共同开发，共同制定人才培养方案和课程标准，实现教材内容与企业需求对接、教学过程与生产过程相融。

本教材在教学设计和内容组织上，具有如下特点：

（1）校企合作，工学结合。以企业实际工程混凝土材料检测任务组织教材内容与设置学习情景，合理布置实训室检测设备，优化工位设置，真实模拟企业工作环境，聘请企业技术人员指导学生材料检测，参考企业考核标准评价学生材料检测能力，企业接纳学生生产实习和顶岗实习。校企协同育人，不断提升企业价值，突出教、学、做一体化教学模式，培养学生的工匠精神，实现校企合作、工学结合。

（2）主线鲜明，实用性强。教材以水利水电工程混凝土材料检测为主线，体现其作为"水工建筑物""水工钢筋混凝土结构"等专业课程的专业基础教材特性；以水利水电工程实际混凝土材料为检测对象，将企业的新技术新成果引入教学过程，实用性强。

（3）岗课赛证，互融互通。教材内容紧扣质检员、材料员、施工员、造价员、安全员等岗位要求设置，有机融入了全国水利行业水工混凝土职业技能竞赛大纲及要求，融合了混凝土材料检测职业资格证书（初级、中级、高级工）考核标准，融汇了混凝土检测最新技术标准与规范，实现了教材岗课赛证融通、毕业证书与职业资格证书对接，增强了职业教育的适应性。

（4）资源丰富，立体呈现。教材附有视频、微课、动画、课件、测试题、习题集、试验指导书、报告书、技术标准与规范等数字化教学资源，使教学内容更加直观，满足线上线下混合式教学要求。实时扫取二维码的学习方式，使学习资源立体呈现，大大提高了学生学习的积极性及学习效率。

本教材由广东水利电力职业技术学院刘秀珍、危加阳、鲁俊蓉任主编，李红强、杨大明、陈耀强、李景坚任副主编。

限于编者水平，教材难免出现疏漏与不妥，恳请读者批评指正，以便我们进一步完善和改进。

编者
2024 年 6 月

课程介绍

访谈

检测视频

习题集

目录

前言

项目一　水泥性能检测 ·· 1
　学习情景 1　水泥密度试验 ·· 1
　学习情景 2　水泥细度试验（负压筛析法）··· 4
　学习情景 3　水泥标准稠度用水量试验（标准法）·· 8
　学习情景 4　水泥标准稠度用水量试验（代用法）固定用水量法 ·························· 12
　学习情景 5　水泥凝结时间试验 ··· 15
　学习情景 6　水泥体积安定性试验（标准法）··· 19
　学习情景 7　水泥体积安定性试验（代用法）··· 23
　学习情景 8　水泥胶砂强度试验 ··· 26

项目二　细骨料性能检测 ·· 37
　学习情景 9　砂表观密度（视密度）试验 ··· 37
　学习情景 10　砂含水率试验 ··· 40
　学习情景 11　砂松散堆积密度、松散空隙率试验 ·· 42
　学习情景 12　砂紧密堆积密度、紧密空隙率试验 ·· 45
　学习情景 13　砂含泥量试验 ··· 48
　学习情景 14　砂泥块含量试验 ·· 51
　学习情景 15　砂筛分析试验 ··· 53

项目三　粗骨料性能检测 ·· 57
　学习情景 16　石子表观密度（视密度）试验 ·· 57
　学习情景 17　石子含水率试验 ·· 60
　学习情景 18　石子松散堆积密度、松散空隙率试验 ··· 62
　学习情景 19　石子紧密堆积密度、紧密空隙率试验 ··· 66
　学习情景 20　石子含泥量（石粉含量）试验 ·· 70
　学习情景 21　石子泥块含量试验 ··· 73
　学习情景 22　石子筛分析（颗粒级配）试验 ·· 76
　学习情景 23　石子针状和片状颗粒含量试验 ·· 79
　学习情景 24　石子压碎值试验 ·· 83

项目四　混凝土性能检测 ·· 86
　　学习情景 25　混凝土拌和物坍落度与扩展度试验 ·· 86
　　学习情景 26　混凝土拌和物表观密度试验 ·· 90
　　学习情景 27　混凝土强度试件制作试验 ·· 93
　　学习情景 28　混凝土抗压强度试验 ·· 97
　　学习情景 29　粉煤灰需水量比试验 ·· 100

项目五　砂浆性能检测 ·· 103
　　学习情景 30　砂浆稠度试验 ·· 103
　　学习情景 31　砂浆分层度试验 ·· 106
　　学习情景 32　砂浆保水率试验 ·· 109
　　学习情景 33　砂浆抗压强度试验 ·· 112

项目六　钢筋性能检测 ·· 115
　　学习情景 34　钢筋拉伸试验 ·· 115
　　学习情景 35　钢筋弯曲试验 ·· 120

项目一

水 泥 性 能 检 测

学习情景1 水 泥 密 度 试 验

1.1 试验目的

水泥密度是混凝土配合比设计的必要资料；水泥密度的大小与水泥熟料的矿物成分和混合料的种类及掺量有关；同时水泥受潮，密度将会减小。因此，测定水泥密度，可作为鉴别水泥质量和品种的参考。

1.2 试验原理

因水泥是粉状物料，采用排液法测定其体积，又因水泥与水起反应，故液体采用无水煤油。

1.3 试验仪器

(1) 李氏瓶：容积为220～250mL，由优质玻璃制成，透明无条纹，具有抗化学侵蚀性且热滞后性小，有足够的厚度以确保良好的耐裂性。李氏瓶横截面形状为圆形。外形尺寸如图1.1所示。瓶颈刻度由0～1mL和18～24mL两段刻度组成，且0～1mL和18～24mL以0.1mL为分度值，任何标明的容量误差都不大于0.05mL。

(2) 无水煤油：应符合《煤油》(GB 253—2008)的要求。

(3) 恒温水槽：应有足够大的容积，使水温可以稳定控制在(20±1)℃。

(4) 天平：量程不小于100g，分度值不大于0.01g。

(5) 温度计：量程为0～50℃，分度值不大于0.1℃。

1.4 试验准备

按规定取样后，试样应预先通过0.90mm方孔筛，在(110±5)℃温度下烘干1h，并在干燥器内冷却至室温[室温应控制在(20±1)℃]。

1.5 试验步骤

(1) 称取水泥60g (m)，精确至0.01g。在测试其他材料密度时，可按实际情况增减称量材料质量，以便读取刻度值。

(2) 将无水煤油注入李氏瓶中，至"0～1mL"之间刻度线后(选用磁力搅拌，此时应加入磁力棒)，盖上瓶塞放入恒温水槽内，使刻度部分浸入水中[水温应控

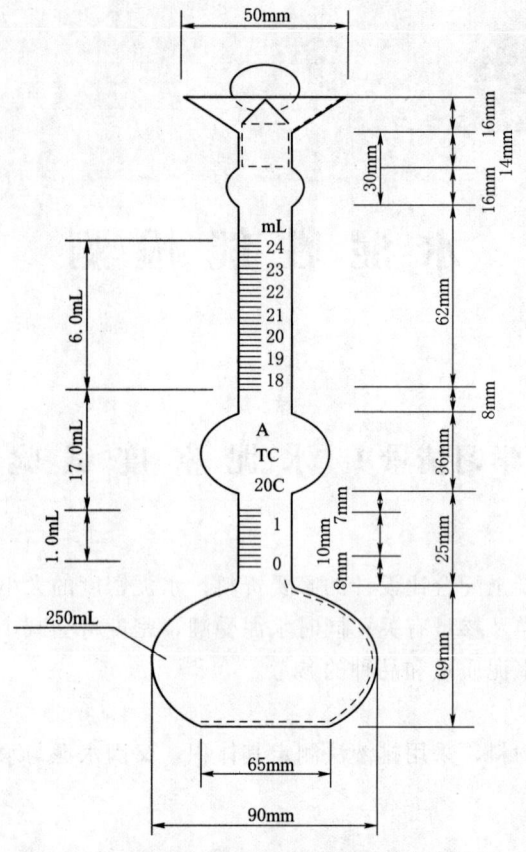

图 1.1 李氏瓶示意图

制在 (20±1)℃]，恒温至少 30min，记下无水煤油的初始（第一次）读数（V_1）。

（3）从恒温水槽中取出李氏瓶，用滤纸将李氏瓶细长颈内没有煤油的部分仔细擦干净。

（4）用小匙将水泥样品一点点地装入李氏瓶中，反复摇动（亦可用超声波振动或磁力搅拌等），直至没有气泡排出。再次将李氏瓶静置于恒温水槽，使刻度部分浸入水中，恒温至少 30min，记下第二次读数（V_2）。

（5）第一次读数和第二次读数时，恒温水槽的温度差不大于 0.2℃。

1.6 结果计算及分析

水泥密度 ρ 按式（1.1）计算，结果精确至 0.01g/cm^3，试验结果取两次测定结果的算术平均值，两次测定结果之差不大于 0.02g/cm^3。若两次试验结果的差超过 0.02g/cm^3，应重做试验。试验结果填入表 1.1。

$$\rho = m/(V_2 - V_1) \tag{1.1}$$

式中 ρ——水泥密度，g/cm^3；

m——水泥质量，g；

V_2——李氏瓶第二次读数，mL；

V_1——李氏瓶第一次读数，mL。

表1.1　　　　　　　　　　　水 泥 密 度 试 验 报 告

水泥品种及强度等级				执行标准	
试验次数	烘干水泥质量 m/g	未装水泥时无水煤油达到的刻度 V_1/mL	装入水泥时无水煤油达到的刻度 V_2/mL	水泥密度 ρ /(g/cm³)	水泥密度平均值 /(g/cm³)
1					
2					
试验结果分析：					

1.7　评价反馈

1.7.1　学生自评

学生进行自我评价，并将结果填入表1.2中。

表1.2　　　　　　　　　　　学 生 自 评 表

班级：	姓名：	学号：
学习情景1	水泥密度试验	
评价项目	评价标准	分值	得分
试验原理	能正确理解水泥密度试验原理	15	
试验步骤	能熟练按规范或规程实操	45	
试验结果	能正确分析与处理试验数据	20	
试验现象	能分析试验现象产生的原因	20	

1.7.2　教师评价

教师对学生试验过程与试验结果进行评价，并将评价结果填入表1.3中。

表1.3　　　　　　　　　　　教 师 综 合 评 价 表

班级：		姓名：	学号：	
学习情景1		水泥密度试验		
评价项目		评价标准	分值	得分
考勤（10%）		无迟到、早退、旷课现象	10	
试验过程（50%）	仪器使用	能正确使用仪器设备	10	
	操作步骤	试验操作规范	10	
	试验态度	严谨、主动、肯干；工匠意识强	10	
	协调能力	与小组成员能紧密配合，协同工作	10	
	职业素质	能做到规范、安全、文明试验，初步具有工匠精神。能爱护仪器设备、保持实验室整洁	10	
项目成果（40%）	工作规范	能查阅、理解、使用技术规范	10	
	试验完整	能按时、按质、按量完成试验任务	10	
	试验结果	能准确记录、分析、处理试验结果；能规范填写试验报告	20	
合　　　计			100	
综合评价	自评30%	教师评价70%	合计	

学习情景 2 水泥细度试验（负压筛析法）

2.1 试验目的

水泥细度是水泥性能的重要指标，直接影响水泥的物理力学性质。因此测定水泥细度可以评定水泥质量。

2.2 试验原理

通过负压筛析仪形成的 4000～6000Pa 负压将粒径小于 80μm（或 45μm）的颗粒从孔径为 80μm（或 45μm）筛孔吸除。筛余量（粒径大于 80μm 或 45μm 的颗粒占总量的百分数）越大，则水泥越粗；反之水泥越细。《水泥细度检验方法 筛析法》（GB/T 1345—2005）适用于普通硅酸盐水泥、矿渣硅酸盐水泥、火山灰质硅酸盐水泥、粉煤灰硅酸盐水泥、复合硅酸盐水泥等水泥以及指定采用该方法的其他品种水泥和粉状物料。

与干筛法、水筛法相比较，此法人为影响因素小，试验结果较精确、较稳定、重现性好。

2.3 试验仪器

2.3.1 试验筛

（1）试验筛由圆形筛框和筛网组成，筛网符合《试验筛 金属丝编织网、穿孔板和电成型薄板 筛孔的基本尺寸》（GB/T 6005—2008）R20/3 80μm、R20/3 45μm 的要求。负压筛的结构尺寸如图 2.1 所示，负压筛应附有透明筛盖，筛盖与筛上口应有良好的密封性。

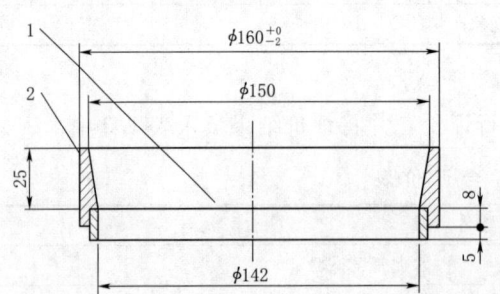

图 2.1 负压筛示意图（单位：mm）
1—筛网；2—筛框

（2）筛网应紧绷在筛框上，筛网和筛框接触处应用防水胶密封，防止水泥嵌入。

（3）筛孔尺寸的检验方法按《试验筛 技术要求和检验 第 1 部分：金属丝编织网试验筛》（GB/T 6003.1—2012）进行。由于物料会对筛网产生磨损，试验筛每使用 100 次后需重新标定，标定方法按《水泥细度检验方法 筛析法》（GB/T 1345—2005）附录 A 进行。

2.3.2 负压筛析仪

（1）负压筛析仪由筛座、负压源及收尘器组成，其中筛座由转速为 (30±2)r/min 的喷气嘴、负压表、控制板、微电机及壳体构成，如图 2.2 所示。

（2）筛析仪负压可调范围为 4000～6000Pa。

（3）喷气嘴上开口平面与筛网之间距离为 2～8mm。

（4）喷气嘴的上开口尺寸如图 2.3 所示。

（5）负压源和收尘器，由功率不小于 600W 的工业吸尘器和小型旋风收尘筒组

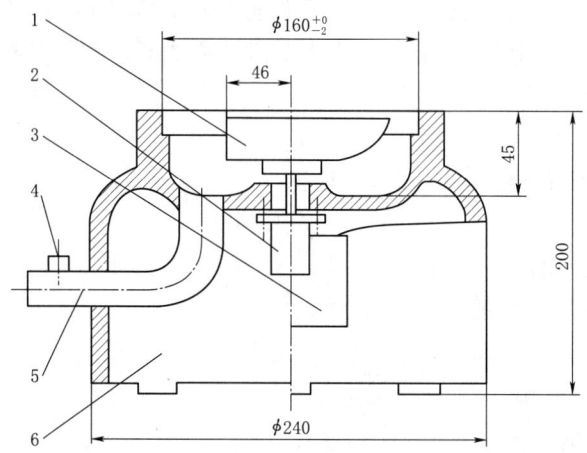

图 2.2　负压筛析仪筛座示意图（单位：mm）
1—喷气嘴；2—微电机；3—控制板开口；4—负压表接口；5—负压源及收尘器接口；6—壳体

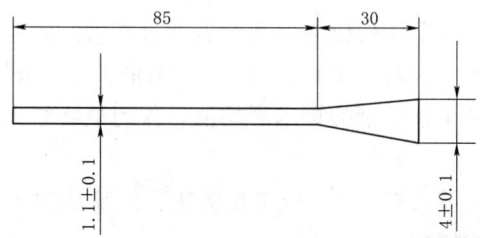

图 2.3　喷气嘴上开口示意图（单位：mm）

成或用其他具有相当功能的设备。

2.3.3　其他

天平：最小分度值不大于 0.01g，烘箱、软毛刷等。

2.4　试验样品要求

水泥样品应有代表性，样品处理方法按《水泥取样方法》（GB/T 12573—2008）进行。

2.5　试验准备

试验前所用试验筛应保持清洁，负压筛和手工筛应保持干燥。试验时，80μm 筛析试验称取试样 25g，45μm 筛析试验称取试样 10g。

2.6　试验步骤

（1）筛析试验前应把负压筛放在筛座上，盖上筛盖，接通电源，检查控制系统，调节负压至 4000～6000Pa 范围内。

（2）称取烘干试样 W 精确至 0.01g，置于洁净的负压筛中，放在筛座上，盖上筛盖，接通电源，开动筛析仪连续筛析 2min，在此期间如有试样附着在筛盖上，可轻轻地敲击筛盖使试样落下。筛毕，用天平称量全部筛余物 R_t。

（3）对其他粉状物料、或采用 45～80μm 以外规格方孔筛进行筛析试验时，应指明筛子的规格、称样量、筛析时间等相关参数。

(4) 试验筛的清洗：试验筛必须经常保持洁净，筛孔通畅，使用 10 次后要进行清洗。金属框筛、铜丝网筛清洗时应用专门的清洗剂，不可用弱酸浸泡。

2.7 结果计算及分析

2.7.1 结果计算

水泥试样筛余百分数按式（2.1）计算：

$$F = R_t/W \times 100 \tag{2.1}$$

式中　F——水泥试样的筛余百分数，％；

　　　R_t——水泥筛余物的质量，g；

　　　W——水泥试样的质量，g。

计算结果精确至 0.1％。

2.7.2 筛余结果的修正

（1）试验筛的筛网会在试验中磨损，因此筛析结果应进行修正。修正的方法是将 F 的结果乘以该试验筛按《水泥细度检验方法　筛析法》（GB/T 1345—2005）附录 A 标定后得到的有效修正系数 C，即为最终结果（$C \cdot F$）。

（2）合格评定时，每个样品应称取两个试样分别筛析，取筛余平均值为筛析结果。若两次筛余结果绝对误差大于 0.5％时（筛余值大于 5.0％时可放至 1.0％）应再做一次试验，取两次相近结果的算术平均值，作为最终结果。

2.7.3 试验结果

水泥细度试验结果填入表 2.1。负压筛析法、水筛法和手工筛析法测定的结果发生争议时，以负压筛析法为准。

表 2.1　　　　　　　　水泥细度试验报告

水泥品种及强度等级		执行标准	
检验方法	负压筛析法		
试验次数	第 1 次		第 2 次
试样重 W/g			
80μm 或 45μm 方孔筛筛余重 R_t/g			
80μm 或 45μm 方孔筛筛余试验值 F/％			
80μm 或 45μm 方孔筛修正系数 C			
80μm 或 45μm 方孔筛筛余/％			
平均值/％			
注　80μm 或 45μm 方孔筛筛余＝$C \cdot F$			
试验结果分析：			

2.8 评价反馈

2.8.1 学生自评

学生进行自我评价，并将结果填入表 2.2 中。

表 2.2　　　　　　　　　　　学 生 自 评 表

班级：		姓名：	学号：	
学习情景 2		水泥细度试验（负压筛析法）		
评价项目		评 价 标 准	分值	得分
试验原理		能正确理解试验原理	15	
试验步骤		能熟练按规范或规程实操	45	
试验结果		能正确分析与处理试验数据	20	
试验现象		能分析试验现象产生的原因	20	

2.8.2　教师评价

教师对学生试验过程与试验结果进行评价，并将评价结果填入表 2.3 中。

表 2.3　　　　　　　　　　　教 师 综 合 评 价 表

班级：			姓名：	学号：	
学习情景 2			水泥细度试验（负压筛析法）		
评价项目			评 价 标 准	分值	得分
考勤（10%）			无迟到、早退、旷课现象	10	
试验过程（50%）	仪器使用		能正确使用仪器设备	10	
	操作步骤		试验操作规范	10	
	试验态度		严谨、主动、肯干；工匠意识强	10	
	协调能力		与小组成员能紧密配合，协同工作	10	
	职业素质		能做到规范、安全、文明试验，初步具有工匠精神。能爱护设备、保持实验室整洁	10	
项目成果（40%）	工作规范		能查阅、理解、使用技术规范	10	
	试验完整		能按时、按质、按量完成试验任务	10	
	试验结果		能准确记录、分析、处理试验结果；能规范填写试验报告	20	
合　　　计				100	
综合评价	自评 30%		教师评价 70%	合计	

学习情景3 水泥标准稠度用水量试验（标准法）

3.1 试验目的
水泥性能与加的水量（水泥浆稠度）有关，为使测定结果能反映各种水泥的性能且具有可比性，国家标准规定将水泥加水拌制至标准稠度（统一规定的稠度）进行试验。该试验测定水泥净浆达到标准稠度时的用水量（以用水量占水泥质量的百分数表示），为凝结时间、体积安定性等试验作准备，并能间接评定水泥的质量。

3.2 试验原理
水泥标准稠度净浆对标准试杆的沉入具有一定阻力。通过试验不同含水量水泥净浆的穿透性，以确定水泥标准稠度净浆中所需加入的水量。

3.3 试验仪器

3.3.1 水泥净浆搅拌机
符合《水泥净浆搅拌机》（JC/T 729—2005）的要求。

注：通过减小搅拌翅和搅拌锅之间的间隙，可以制备更加均匀的净浆。

3.3.2 水泥标准稠度用维卡仪
测定水泥标准稠度用维卡仪及配件如图3.1所示。

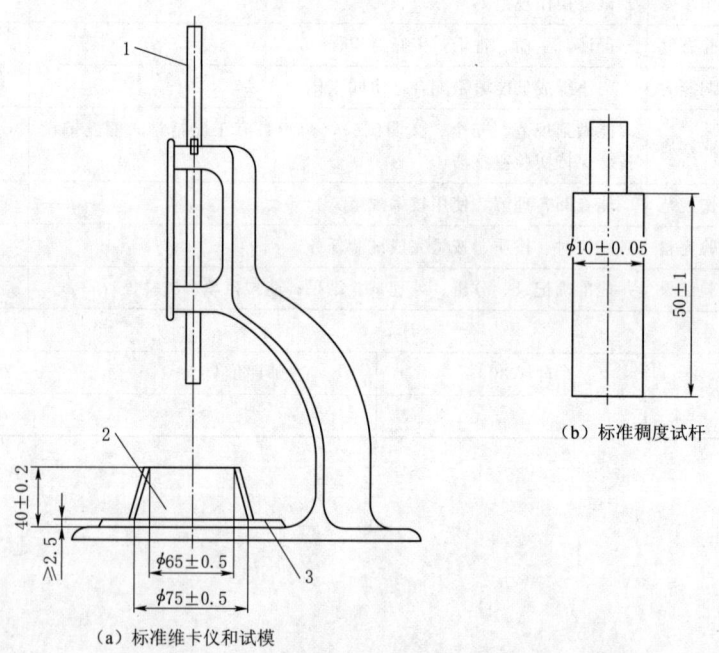

图3.1 测定水泥标准稠度用维卡仪及配件示意图（单位：mm）
1—滑动杆；2—试模；3—玻璃板

标准稠度试杆由有效长度为(50 ± 1)mm、直径为(10 ± 0.05)mm的圆柱形耐腐蚀金属制成。滑动部分的总质量为(300 ± 1)g。与试杆、试针联结的滑动杆表面应光滑，能靠重力自由下落，不得有紧涩和旷动现象。

盛装水泥净浆的试模由耐腐蚀的、有足够硬度的金属制成。试模为深（40±0.2）mm、顶内径（65±0.5）mm、底内径（75±0.5）mm的截顶圆锥体。每个试模应配备一个边长或直径约100mm、厚度4～5mm的平板玻璃底板或金属底板。

3.3.3 量筒或滴定管

精度为±0.5mL。

3.3.4 天平

最大称量不小于1000g，分度值不大于1g。

3.3.5 试验用水

试验用水应是洁净的饮用水，如有争议时应以蒸馏水为准。

3.4 试验条件

（1）实验室温度为（20±2）℃，相对湿度应不低于50%；水泥试样、拌和水、仪器和用具的温度应与实验室一致。

（2）湿气养护箱的温度为（20±1）℃，相对湿度不低于90%。

3.5 试验准备

（1）维卡仪的滑动杆能自由滑动。试模和玻璃底板用湿布擦拭，将试模放在底板上。

（2）调整至试杆接触玻璃板时指针对准零点。

（3）搅拌机运行正常。

3.6 试验步骤

（1）用水泥净浆搅拌机搅拌，搅拌锅和搅拌叶片先用湿布擦过，将拌和水倒入搅拌锅内，然后在5～10s内小心将称好的500g（m_0）水泥加入水中（水的质量为m_1），防止水和水泥溅出；拌和时，先将锅放在搅拌机的锅座上，升至搅拌位置，启动搅拌机，低速搅拌120s；停15s，同时将叶片和锅壁上的水泥浆刮入锅中间，接着高速搅拌120s，停机。

（2）拌和结束后，立即取适量水泥净浆一次性将其装入已置于玻璃底板上的试模中，浆体超过试模上端，用宽约25mm的直边刀轻轻拍打超出试模部分的浆体5次，以排除浆体中的孔隙，然后在试模上表面约1/3处，略倾斜于试模分别向外轻轻锯掉多余净浆，再从试模边沿轻抹顶部一次，使净浆表面光滑。在锯掉多余净浆和抹平的操作过程中，注意不要压实净浆。

（3）抹平后迅速将试模和底板移到维卡仪上，并将其中心定在试杆下，降低试杆直至与水泥净浆表面接触，拧紧螺丝1～2s后，突然放松，使试杆垂直自由地沉入水泥净浆中。在试杆停止沉入或释放试杆30s时记录试杆距底板之间的距离，升起试杆后，立即擦净；整个操作应在搅拌后1.5min内完成。以试杆沉入净浆并距底板（6±1）mm的水泥净浆为标准稠度净浆。其拌和水量为该水泥的标准稠度用水量（P），按水泥质量的百分比计。

3.7 结果计算及分析

水泥标准稠度用水量$P(\%)$按式（3.1）计算：

$$P = m_1/m_0 \tag{3.1}$$

式中 P——水泥标准稠度用水量，%；

m_0——水泥量，g；

m_1——加水质量，g。

水泥标准稠度用水量（标准法）按《水泥标准稠度用水量、凝结时间、安定性检验方法》（GB/T 1346—2011）测定，以该标准稠度用水量作为测定水泥凝结时间、体积安定性等试验的水泥加水量。常用6大品种水泥标准稠度用水量一般符合表3.1范围。若各水泥标准稠度用水量严重偏离表3.1范围，应分析其原因，比如水泥是否受潮、水泥细度是否合格、C_3A含量是否合理、实验室温度、湿度是否异常等。水泥标准稠度用水量试验（标准法）结果填入表3.2。

表3.1　　　　常用6大品种水泥标准稠度用水量的大致范围

水泥品种	标准稠度用水量	水泥品种	标准稠度用水量
硅酸盐水泥	21%～28%	火山灰质硅酸盐水泥	28%～32%
普通硅酸盐水泥	24%～28%	粉煤灰硅酸盐水泥	26%～32%
矿渣硅酸盐水泥	24%～30%	复合硅酸盐水泥	25%～30%

表3.2　　　　水泥标准稠度用水量试验（标准法）报告

水泥品种及强度等级		执行标准	
水泥用量 m_0/g	试杆沉入净浆并距底板（6±1）mm（即指针读数为5～7mm）时水泥浆所加的水量 m_1/g		水泥标准稠度用水量 P/%
500			
试验结果分析：			

3.8 评价反馈

3.8.1 学生自评

学生进行自我评价，并将结果填入表3.3中。

表3.3　　　　　　　学 生 自 评 表

班级：	姓名：		学号：
学习情景3	水泥标准稠度用水量试验（标准法）		
评价项目	评价标准	分值	得分
试验原理	能正确理解试验原理	15	
试验步骤	能熟练按规范或规程实操	45	
试验结果	能正确分析与处理试验数据	20	
试验现象	能分析试验现象产生的原因	20	

3.8.2 教师评价

教师对学生试验过程与试验结果进行评价，并将评价结果填入表3.4中。

表3.4　　　　　　　　　　教师综合评价表

班级：		姓名：	学号：	
学习情景3		水泥标准稠度用水量试验（标准法）		
评价项目		评价标准	分值	得分
考勤（10%）		无迟到、早退、旷课现象	10	
试验过程（50%）	仪器使用	能正确使用仪器设备	10	
	操作步骤	试验操作规范	10	
	试验态度	严谨、主动、肯干；工匠意识强	10	
	协调能力	与小组成员能紧密配合，协同工作	10	
	职业素质	能做到规范、安全、文明试验，初步具有工匠精神。能爱护设备、保持实验室整洁	10	
项目成果（40%）	工作规范	能查阅、理解、使用技术规范	10	
	试验完整	能按时、按质、按量完成试验任务	10	
	试验结果	能准确记录、分析、处理试验结果；能规范填写试验报告	20	
合　　计			100	
综合评价	自评30%	教师评价70%	合计	

学习情景4　水泥标准稠度用水量试验（代用法）固定用水量法

4.1　试验目的

水泥的性能与加的水量（水泥浆稠度）有关，为使测定结果能反映各种水泥的性能并具有可比性，国家标准规定将水泥加水拌制至标准稠度（统一规定的稠度）进行试验。该试验测定水泥净浆达到标准稠度时的用水量（以水用量占水泥质量的百分比表示），为凝结时间、体积安定性等试验作准备，并能间接评定水泥的质量。

4.2　试验原理

国家有关部门用"标准法"测定不同品种及性能水泥的标准稠度用水量 P。然后在固定水量（142.5g）下，称取不同品种水泥500g拌制成净浆，测定一定质量试锥在净浆中的下沉深度 S；将 S 与 P 通过数理统计方法进行线性回归，获得在固定水量（142.5g）下标准稠度用水量 P 与试锥下沉深度 S 的线性回归关系式 $P=33.4-0.185S$。实践中，只需测定试锥在固定用水量（142.5g）的水泥净浆中的下沉深度 S，将 S 代入关系式即可获得 P。此法的优点在于免去了"标准法"应多次测定的麻烦，便于快速得到结果。由于数据的离散性，关系式对某一具体性能的水泥不一定准确，因此，若测定结果有争议时，应以"标准法"为准。而且在固定水量（142.5g）下，S 小于13mm时，S 与 P 已无线性关系，固定用水量法（代用法）已不能使用。也可先采用"固定用水量法"初步测出水泥标准稠度用水量，为"标准法"试验提供初次经验用水量，以避免"标准法"初次找水的盲目性。"固定用水量法"测出的水泥标准稠度用水量，也可以用来估计水泥标准稠度用水量的范围或可能值，以校核"标准法"的测定值。

4.3　试验仪器

（1）水泥净浆搅拌机。符合《水泥净浆搅拌机》（JC/T 729—2005）的要求。

注：通过减小搅拌翅和搅拌锅之间的间隙，可以制备更加均匀的净浆。

（2）代用法维卡仪。符合《水泥净浆标准稠度与凝结时间测定仪》（JC/T 727—2005）要求。

（3）量筒或滴定管。精度为±0.5mL。

（4）天平。最大称量不小于1000g，分度值不大于1g。

（5）试验用水。试验用水应是洁净的饮用水，如有争议时应以蒸馏水为准。

4.4　试验条件

（1）实验室温度为（20±2）℃，相对湿度应不低于50%；水泥试样、拌和水，仪器和用具的温度应与实验室一致。

（2）湿气养护箱的温度为（20±1）℃，相对湿度不低于90%。

4.5　试验准备

（1）维卡仪的金属棒能自由滑动。

（2）调整至试锥接触锥模顶面时指针对准零点。

(3) 搅拌机运行正常。

4.6 试验步骤

(1) 称 500g 水泥，量 142.5mL 水（或称 142.5g 水）。

(2) 用水泥净浆搅拌机搅拌，搅拌锅和搅拌叶片先用湿布擦过。将拌和水倒入搅拌锅内，然后在 5～10s 内将称好的 500g 水泥小心加入水中，防止水和水泥溅出；拌和时，先将锅放在搅拌机的锅座上，升至搅拌位置，启动搅拌机，低速搅拌 120s；停 15s，同时将叶片和锅壁上的水泥浆刮入锅中间，接着高速搅拌 120s 停机。

(3) 搅拌结束后，立即将拌制好的水泥净浆装入锥模中，用宽约 25mm 的直边刀在浆体表面轻轻插捣 5 次，再轻振 5 次，刮去多余的净浆；抹平后迅速放至试锥下的固定位置上，将试锥降至净浆表面，拧紧螺丝 1～2s 后，突然放松，让试锥垂直自由地沉入水泥净浆中。到试锥停止下沉或释放试锥 30s 时，记录试锥下沉深度 S。整个操作应在搅拌后 1.5min 内完成。

4.7 结果计算及分析

按式（4.1）（或仪器上对应标尺）计算得到标准稠度用水量 P。当试锥下沉深度小于 13mm 时，应改用标准法测定。试验结果填入表 4.1。

$$P = 33.4 - 0.185S \tag{4.1}$$

式中　P——标准稠度用水量，%；

　　　S——试锥下沉深度，mm。

表 4.1　　水泥标准稠度用水量试验（代用法）固定用水量法报告

水泥品种及强度等级			执行标准	
水泥用量/g	固定水量/g	试锥下沉深度 S/mm	水泥标准稠度用水量 P/%	
500	142.5			
试验结果分析：				

4.8 评价反馈

4.8.1 学生自评

学生进行自我评价，并将结果填入表 4.2 中。

表 4.2　　　　　　　　　　学　生　自　评　表

班级：		姓名：	学号：	
学习情景 4	水泥标准稠度用水量试验（代用法）固定用水量法			
评价项目	评价标准		分值	得分
试验原理	能正确理解试验原理		15	
试验步骤	能熟练按规范或规程实操		45	
试验结果	能正确分析与处理试验数据		20	
试验现象	能分析试验现象产生的原因		20	

4.8.2 教师评价

教师对学生试验过程与试验结果进行评价,并将评价结果填入表4.3中。

表4.3 教师综合评价表

班级:		姓名:	学号:	
学习情景4		水泥标准稠度用水量试验(代用法)固定用水量法		
评价项目		评价标准	分值	得分
考勤(10%)		无迟到、早退、旷课现象	10	
试验过程(50%)	仪器使用	能正确使用仪器设备	10	
	操作步骤	试验操作规范	10	
	试验态度	严谨、主动、肯干;工匠意识强	10	
	协调能力	与小组成员能紧密配合,协同工作	10	
	职业素质	能做到规范、安全、文明试验,初步具有工匠精神。能爱护设备、保持实验室整洁	10	
项目成果(40%)	工作规范	能查阅、理解、使用技术规范	10	
	试验完整	能按时、按质、按量完成试验任务	10	
	试验结果	能准确记录、分析、处理试验结果;能规范填写试验报告	20	
合 计			100	
综合评价	自评30%	教师评价70%		合计

学习情景 5　水泥凝结时间试验

5.1　试验目的

测定标准稠度水泥净浆自加水时起至开始凝结（初凝）及完全凝结（终凝）所经历的时间，以评定水泥的凝结时间是否合格。

5.2　试验原理

标准稠度水泥净浆的凝胶体、结晶体空间网络结构是随着时间推移而逐渐致密的。空间网络结构致密程度不同，对贯入其中的试针阻力（试针沉入净浆的深度来表示阻力）就不同。以对试针不同阻力的空间网络结构来划分水泥浆的初凝状态、终凝状态，从而得出初凝时间、终凝时间。

5.3　试验仪器

（1）水泥净浆搅拌机。符合《水泥净浆搅拌机》（JC/T 729—2005）的要求。

注：通过减小搅拌翅和搅拌锅之间的间隙，可以制备更加均匀的净浆。

（2）标准法维卡仪。测定凝结时间用维卡仪及配件示意如图 5.1 所示。

凝结时间用试针由钢制成，其有效长度初凝针为（50±1）mm、终凝针（带环形附件，以准确观测试针沉入状况）为（30±1）mm，直径为（1.13±0.05）mm。滑动部分的总质量为（300±1）g。与试针联结的滑动杆表面应光滑，能靠重力自由下落，不得有紧涩和旷动现象。

盛装水泥净浆的试模由耐腐蚀的、有足够硬度的金属制成。试模为深（40±0.2）mm、顶内径（65±0.5）mm、底内径（75±0.5）mm 的截顶圆锥体。每个试

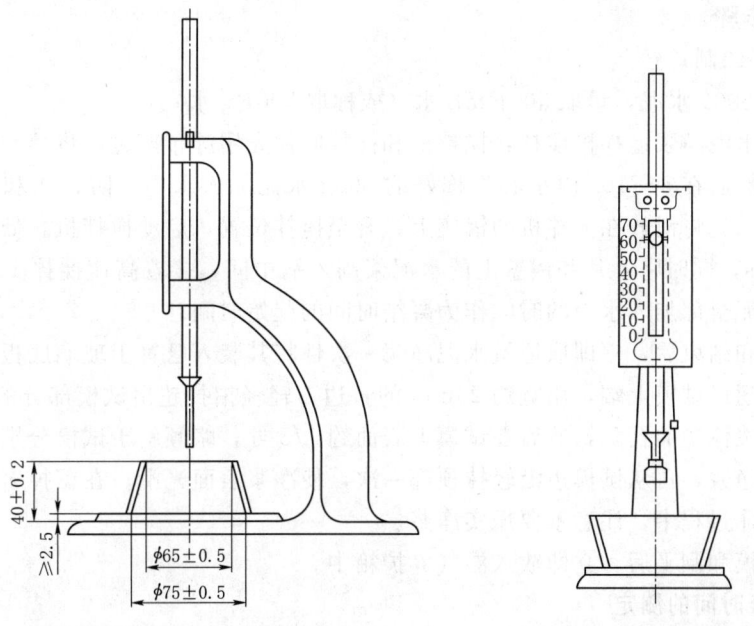

(a) 初凝时间测定用立式试模的侧视图　　(b) 终凝时间测定用反转试模的正视图

图 5.1（一）　测定凝结时间用维卡仪及配件示意图（单位：mm）

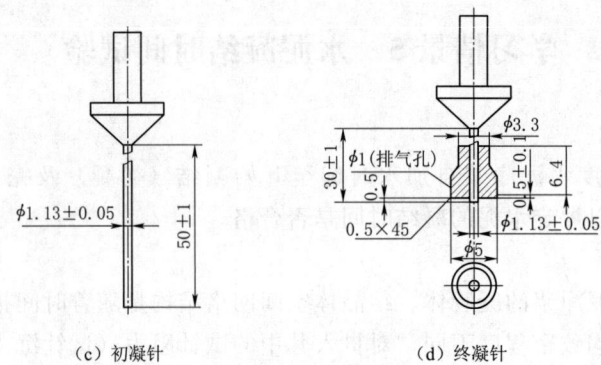

(c) 初凝针　　　　　　(d) 终凝针

图 5.1（二）　测定凝结时间用维卡仪及配件示意图（单位：mm）

模应配备一个边长或直径约 100mm、厚度 4～5mm 的平板玻璃底板或金属底板。

(3) 量筒或滴定管。精度为 ±0.5mL。

(4) 天平。最大称量不小于 1000g，分度值不大于 1g。

(5) 试验用水。试验用水应是洁净的饮用水，如有争议时应以蒸馏水为准。

5.4　试验条件

(1) 实验室温度为（20±2）℃，相对湿度应不低于 50%；水泥试样、拌和水、仪器和用具的温度应与实验室一致。

(2) 湿气养护箱的温度为（20±1）℃，相对湿度不低于 90%。

5.5　试验准备

调整凝结时间测定仪的试针，使其接触玻璃板时指针对准零点。

5.6　试验步骤

5.6.1　试件的制备

(1) 称 500g 水泥，量取 $500P$ mL 水（或称取 $500P$ g 水）。

(2) 用水泥净浆搅拌机搅拌，搅拌锅和搅拌叶片先用湿布擦过，将拌和水倒入搅拌锅内，然后在 5～10s 内小心将称好的 500g 水泥加入水中，防止水和水泥溅出；拌和时，先将锅放在搅拌机的锅座上，升至搅拌位置，启动搅拌机，低速搅拌 120s；停 15s，同时将叶片和锅壁上的水泥浆刮入锅中间，接着高速搅拌 120s，停机。记录水泥全部加入水中的时间作为凝结时间的起始时间。

(3) 拌和结束后，立即取适量水泥净浆一次性将其装入已置于玻璃底板上的试模中，浆体超过试模上端，用宽约 25mm 的直边刀轻轻拍打超出试模部分的浆体 5 次，以排除浆体中的孔隙，然后在试模上表面约 1/3 处，略倾斜于试模分别向外轻轻锯掉多余净浆，再从试模边沿轻抹顶部一次，使净浆表面光滑。在锯掉多余净浆和抹平的操作过程中，注意不要压实净浆。

(4) 装模和刮平后，立即放入湿气养护箱中。

5.6.2　初凝时间的测定

试件在湿气养护箱中养护至加水后 30min 时进行第一次测定。测定时，从湿气养护箱中取出试模放到试针下，降低试针，使其与水泥净浆表面接触。拧紧螺丝

1～2s后，突然放松，试针垂直自由地沉入水泥净浆。观察试针停止下沉或释放试针30s时指针的读数。临近初凝时间时每隔5min（或更短时间）测定一次，当试针沉至距底板（4±1）mm时，为水泥达到初凝状态；由水泥全部加入水中至初凝状态的时间为水泥的初凝时间，用min来表示。

5.6.3　终凝时间的测定

在完成初凝时间测定后，立即将试模连同浆体以平移的方式从玻璃板取下，翻转180°，直径大端向上、小端向下放在玻璃板上，再放入湿气养护箱中继续养护。临近终凝时间时每隔15min（或更短时间）测定一次，当试针沉入试体0.5mm时，即环形附件开始不能在试体上留下痕迹时，为水泥达到终凝状态。由水泥全部加入水中至终凝状态的时间为水泥的终凝时间，用min来表示。

5.6.4　测定注意事项

（1）在最初测定的操作时应轻轻扶持滑动杆，使其徐徐下降，以防试针撞弯，但结果以自由下落为准；在整个测试过程中试针沉入的位置至少要距试模内壁10mm。

（2）临近初凝时，每隔5min（或更短时间）测定一次；临近终凝时每隔15min（或更短时间）测定一次。

（3）到达初凝时应立即重复测一次，当两次结论相同时才能确定到达初凝状态；到达终凝时，需要在试体另外两个不同点测试，确认结论相同才能确定到达终凝状态。

（4）每次测定不能让试针落入原针孔，每次测试完毕须将试针擦净并将试模放回湿气养护箱内，整个测试过程要防止试模受振。

注：可以使用能得出与标准中规定方法相同结果的凝结时间自动测定仪，有矛盾时以标准规定方法为准。

5.7　结果计算及分析

试验结果填入表5.1。

（1）《通用硅酸盐水泥》（GB 175—2007）规定，硅酸盐水泥的初凝时间不小于45min，终凝时间不大于390min。

普通硅酸盐水泥、矿渣硅酸盐水泥、火山灰质硅酸盐水泥、粉煤灰硅酸盐水泥和复合硅酸盐水泥的初凝时间不小于45min，终凝时间不大于600min。

（2）《通用硅酸盐水泥》（GB 175—2007）规定，凝结时间不合格，则该水泥为不合格。

（3）其他品种水泥的初凝时间、终凝时间要求按相关标准执行。

表5.1　　　　　　　　　　水泥凝结时间试验报告

水泥品种及强度等级		执行标准	
水泥标准稠度用水量 P/%		加水时刻 T_0 （h：min）	
水泥用量 /g		初凝时刻 T_1 （h：min）	终凝时刻 T_2 （h：min）
水用量 /g		初凝时间 $T_初$ （h 或 min）	终凝时间 $T_终$ （h 或 min）

续表

注 1. $T_初=T_1-T_0$，$T_终=T_2-T_0$。 2. 试针沉至距底板（4±1）mm（即指针读数为3~5mm）时水泥浆到达初凝状态，环形附件开始不能留下痕迹时水泥浆到达终凝状态。
试验结果分析：

5.8 评价反馈

5.8.1 学生自评

学生进行自我评价，并将结果填入表5.2中。

表5.2　　　　　　　　　　学 生 自 评 表

班级：	姓名：	学号：	
学习情景5	水泥凝结时间试验		
评价项目	评价标准	分值	得分
试验原理	能正确理解试验原理	15	
试验步骤	能熟练按规范或规程实操	45	
试验结果	能正确分析与处理试验数据	20	
试验现象	能分析试验现象产生的原因	20	

5.8.2 教师评价

教师对学生试验过程与试验结果进行评价，并将评价结果填入表5.3中。

表5.3　　　　　　　　　　教 师 综 合 评 价 表

班级：		姓名：	学号：	
学习情景5		水泥凝结时间试验		
评价项目		评价标准	分值	得分
考勤（10%）		无迟到、早退、旷课现象	10	
试验过程（50%）	仪器使用	能正确使用仪器设备	10	
	操作步骤	试验操作规范	10	
	试验态度	严谨、主动、肯干；工匠意识强	10	
	协调能力	与小组成员能紧密配合，协同工作	10	
	职业素质	能做到规范、安全、文明试验，初步具有工匠精神。能爱护设备、保持实验室整洁	10	
项目成果（40%）	工作规范	能查阅、理解、使用技术规范	10	
	试验完整	能按时、按质、按量完成试验任务	10	
	试验结果	能准确记录、分析、处理试验结果；能规范填写试验报告	20	
合　计			100	
综合评价		自评30%	教师评价70%	合计

学习情景6 水泥体积安定性试验（标准法）

6.1 试验目的
测定标准稠度水泥浆硬化后体积膨胀的大小及均匀性，以评定水泥的质量。

6.2 试验原理
水泥中游离氧化钙（$f\text{-}CaO$）是经过高温煅烧的，水泥浆硬化后才与水缓慢地起反应，其生成物体积膨胀使水泥石开裂。为定性地检验水泥中$f\text{-}CaO$含量，采用沸煮法以加速$f\text{-}CaO$的水化，测定水泥浆在雷氏夹中沸煮后试针的相对位移以表征其体积膨胀量，进而推定$f\text{-}CaO$含量是否达到引发工程事故的程度。

6.3 试验仪器
（1）水泥净浆搅拌机。符合《水泥净浆搅拌机》（JC/T 729—2005）的要求。

注：通过减小搅拌翅和搅拌锅之间的间隙，可以制备更加均匀的净浆。

（2）雷氏夹。雷氏夹由铜质材料制成，其结构如图6.1所示。当一根指针的根部先悬挂在一根金属丝或尼龙丝上，另一根指针的根部再挂上300g质量的砝码时，两根指针针尖的距离增加应在（17.5±2.5）mm范围内，即$2x = (17.5 \pm 2.5)$ mm（图6.1），当去掉砝码后针尖的距离能恢复至挂砝码前的状态。

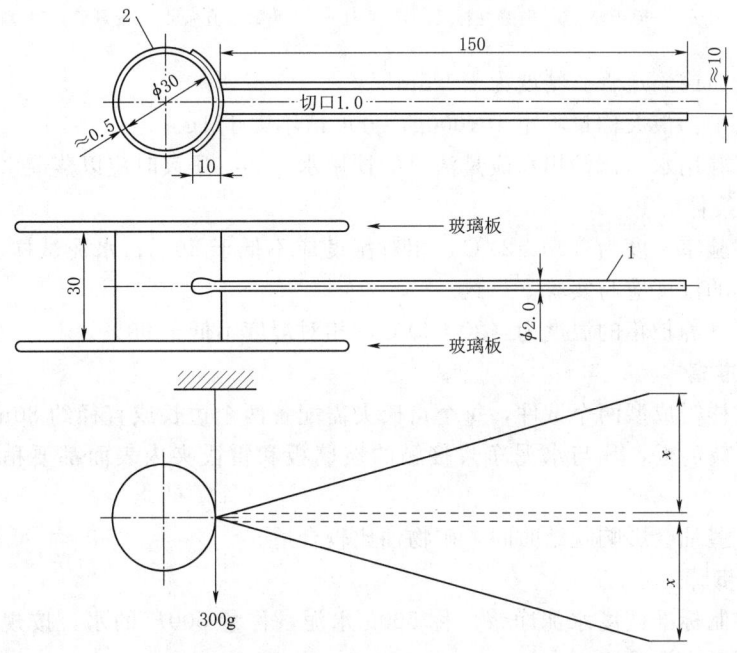

图6.1 雷氏夹及其受力示意图（单位：mm）
1—指针；2—环模

（3）沸煮箱。符合《水泥安定性试验用沸煮箱》（JC/T 955—2005）的要求。

（4）雷氏夹膨胀值测定仪。如图6.2所示，标尺最小刻度为0.5mm。

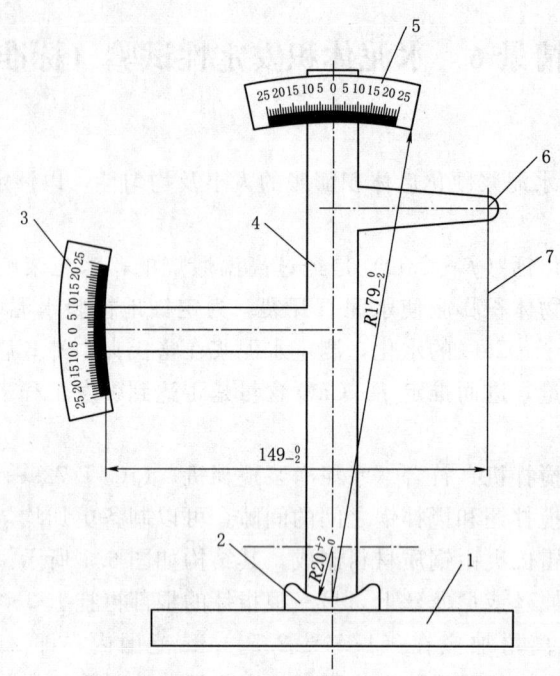

图 6.2 雷氏夹膨胀值测定仪示意图（单位：mm）
1—底座；2—模子座；3—测弹性尺；4—立柱；5—测膨胀值标尺；6—悬臂；7—悬丝

(5) 量筒或滴定管。精度为±0.5mL。

(6) 天平。最大称量不小于1000g，分度值不大于1g。

(7) 试验用水。试验用水应是洁净的饮用水，如有争议时应以蒸馏水为准。

6.4 试验条件

(1) 实验室温度为（20±2）℃，相对湿度应不低于50%；水泥试样、拌和水、仪器和用具的温度应与实验室一致。

(2) 湿气养护箱的温度为（20±1）℃，相对湿度不低于90%。

6.5 试验准备

每个试样需成型两个试件，每个雷氏夹需配备两个边长或直径约80mm、厚度4~5mm的玻璃板，凡与水泥净浆接触的玻璃板和雷氏夹内表面都要稍稍涂上一层油。

注：有些油会影响凝结时间，矿物油比较合适。

6.6 试验步骤

(1) 拌制标准稠度水泥净浆。称500g水泥，称量500P的水，按规定方法拌制成标准稠度水泥净浆。

(2) 成型雷氏夹试件。将预先准备好的雷氏夹放在已稍擦油的玻璃板上，并立即将已制好的标准稠度净浆一次装满雷氏夹，装浆时一只手轻轻扶持雷氏夹，另一只手用宽约25mm的直边刀在浆体表面轻轻插捣3次，然后抹平，盖上稍涂油的玻璃板，接着立即将试件移至湿气养护箱内养护（24±2）h。

(3) 调整好沸煮箱内的水位，使能保证在整个沸煮过程中都超过试件，不需中途添补试验用水，同时又能保证在（30±5）min 内升至沸腾。

(4) 脱去玻璃板取下试件，先测量雷氏夹指针尖端间的距离（A），精确到 0.5mm，接着将试件放入沸煮箱水中的试件架上，指针朝上，然后在（30±5）min 内加热至沸腾并恒沸（180±5）min。

(5) 沸煮结束后，立即放掉沸煮箱中的热水，打开箱盖，待箱体冷却至室温，取出试件进行判别，测量雷氏夹指针尖端间的距离（C），精确至 0.5mm。

6.7 试验结果计算及分析

试验结果填入表 6.1。

(1) 当两个试件煮后增加距离（$C-A$）的平均值不大于 5.0mm 时，即认为该水泥安定性合格，当两个试件煮后增加距离（$C-A$）的平均值大于 5.0mm 时，应用同一样品立即重做一次试验。以复检结果为准。

(2)《通用硅酸盐水泥》（GB 175—2007）规定，安定性不合格，则该水泥为不合格品。

表 6.1　　　　　　　水泥体积安定性试验（标准法）报告

水泥品种及强度等级		水泥标准稠度用水量 P	
1. 检验雷氏夹是否合格（选 2 个可用的雷氏夹）			
雷氏夹编号		1	2
雷氏夹指针尖端间的距离/mm		$X_1=$	$X_2=$
挂 300g 砝码雷氏夹指针尖端间的距离/mm		$Y_1=$	$Y_2=$
挂 300g 砝码后雷氏夹指针尖端增加的距离（$Y-X$）			
$Y-X$ 是否在（17.5±2.5）mm 内			
去掉 300g 砝码两指针尖端间的距离能否恢复原状态			
雷氏夹是否合格（是否可用）			
2. 雷氏法检验水泥体积安定性			
雷氏夹试件编号		1	2
试件成型后经 24h 标准养护指针尖端间距/mm		$A_1=$	$A_2=$
沸煮 3h 后试件指针尖端间距 C/mm		$C_1=$	$C_2=$
沸煮后试件指针尖端增加的距离 $C-A$/mm			
平均值/mm			
水泥体积安定性合格性判定：			
试验结果分析：			

6.8 评价反馈

6.8.1 学生自评

学生进行自我评价，并将结果填入表 6.2 中。

表 6.2　　　　　　　　　　　　学 生 自 评 表

班级：		姓名：	学号：	
学习情景 6		水泥体积安定性试验（标准法）		
评价项目		评价标准	分值	得分
试验原理		能正确理解试验原理	15	
试验步骤		能熟练按规范或规程实操	45	
试验结果		能正确分析与处理试验数据	20	
试验现象		能分析试验现象产生的原因	20	

6.8.2 教师评价

教师对学生试验过程与试验结果进行评价，并将评价结果填入表 6.3 中。

表 6.3　　　　　　　　　　　　教 师 综 合 评 价 表

班级：		姓名：	学号：	
学习情景 6		水泥体积安定性试验（标准法）		
评价项目		评价标准	分值	得分
考勤（10%）		无迟到、早退、旷课现象	10	
试验过程（50%）	仪器使用	能正确使用仪器设备	10	
	操作步骤	试验操作规范	10	
	试验态度	严谨、主动、肯干；工匠意识强	10	
	协调能力	与小组成员能紧密配合，协同工作	10	
	职业素质	能做到规范、安全、文明试验，初步具有工匠精神。能爱护设备、保持实验室整洁	10	
项目成果（40%）	工作规范	能查阅、理解、使用技术规范	10	
	试验完整	能按时、按质、按量完成试验任务	10	
	试验结果	能准确记录、分析、处理试验结果；能规范填写试验报告	20	
合　计			100	
综合评价	自评 30%		教师评价 70%	合计

学习情景 7　水泥体积安定性试验（代用法）

7.1　试验目的
测定标准稠度水泥净浆硬化后体积膨胀的大小及均匀性，以评定水泥的质量。

7.2　试验原理
水泥中游离氧化钙（$f\text{-CaO}$）是经过高温煅烧的，水泥浆硬化后才与水缓慢地起反应，其生成物体积膨胀使水泥石开裂。为定性地检验 $f\text{-CaO}$ 含量，制作试饼，试饼硬化后将其沸煮，以加速其中 $f\text{-CaO}$ 的水化，根据试饼沸煮后的外形变化情况表征其体积安定性。

7.3　试验仪器
（1）水泥净浆搅拌机。符合《水泥净浆搅拌机》（JC/T 729—2005）的要求。

注：通过减小搅拌翅和搅拌锅之间的间隙，可以制备更加均匀的净浆。

（2）沸煮箱。符合《水泥安定性试验用沸煮箱》（JC/T 955—2005）的要求。

（3）量筒或滴定管。精度为±0.5mL。

（4）天平。最大称量不小于1000g，分度值不大于1g。

（5）试验用水。试验用水应是洁净的饮用水，如有争议时应以蒸馏水为准。

7.4　试验条件
（1）实验室温度为（20±2）℃，相对湿度应不低于50%；水泥试样、拌和水、仪器和用具的温度应与实验室一致。

（2）湿气养护箱的温度为（20±1）℃，相对湿度不低于90%。

7.5　试验准备
每个样品需准备两块边长约100mm的玻璃板，凡与水泥净浆接触的玻璃板都要稍稍涂上一层油。

7.6　试验步骤

7.6.1　试饼的成型方法
将制好的标准稠度净浆取出一部分分成两等份，使之成球形，放在预先准备好的玻璃板上，轻轻振动玻璃板并用湿布擦过的小刀由边缘向中央抹，做成直径70～80mm、中心厚约10mm、边缘渐薄、表面光滑的试饼，接着将试饼放入湿气养护箱内养护（24±2）h。

7.6.2　沸煮试饼
（1）调整好沸煮箱内的水位，保证水位在整个沸煮过程中都超过试件，不需中途添补试验用水，同时又能保证在（30±5）min内升至沸腾。

（2）脱去玻璃板取下试饼，在试饼无缺陷的情况下将其放在沸煮箱水中的箅板上，在（30±5）min内加热至沸腾并恒沸（180±5）min。

7.7　试验结果计算及分析
（1）沸煮结束后，立即放掉沸煮箱中的热水，打开箱盖，待箱体冷却至室温，取出试件进行判别。目测试饼无裂缝、用钢直尺检查也没有弯曲（使钢直尺和试饼底部紧靠，以两者间不透光为不弯曲）的试饼为安定性合格，反之为不合格。当两个试饼判别结果有矛盾时，该水泥的安定性为不合格。试验结果填入表 7.1 中。

（2）《通用硅酸盐水泥》（GB 175—2007）规定，安定性不合格，则该水泥为不合格。

表 7.1　　　　　　　　　水泥体积安定性试验（代用法）报告

执行标准			
水泥品种及强度等级		标准稠度用水量 P	
试件编号	1		2
脱模后试件状态			
沸煮时间/h			
沸煮后试件有无裂纹现象			
沸煮后试件有无弯曲现象			
水泥体积安定性合格性判定			
试验结果分析：			

7.8　评价反馈
7.8.1　学生自评

学生进行自我评价，并将结果填入表 7.2 中。

表 7.2　　　　　　　　　　学 生 自 评 表

班级：	姓名：	学号：	
学习情景 7	水泥体积安定性试验（代用法）		
评价项目	评价标准	分值	得分
试验原理	能正确理解试验原理	15	
试验步骤	能熟练按规范或规程实操	45	
试验结果	能正确分析与处理试验数据	20	
试验现象	能分析试验现象产生的原因	20	

7.8.2　教师评价

教师对学生试验过程与试验结果进行评价，并将评价结果填入表 7.3 中。

表 7.3　　　　　　　　　　教 师 综 合 评 价 表

班级：	姓名：	学号：	
学习情景 7	水泥体积安定性试验（代用法）		
评价项目	评价标准	分值	得分
考勤（10%）	无迟到、早退、旷课现象	10	

续表

试验过程(50%)	仪器使用	能正确使用仪器设备	10	
	操作步骤	试验操作规范	10	
	试验态度	严谨、主动、肯干；工匠意识强	10	
	协调能力	与小组成员能紧密配合，协同工作	10	
	职业素质	能做到规范、安全、文明试验，初步具有工匠精神。能爱护设备、保持实验室整洁	10	
项目成果(40%)	工作规范	能查阅、理解、使用技术规范	10	
	试验完整	能按时、按质、按量完成试验任务	10	
	试验结果	能准确记录、分析、处理试验结果；能规范填写试验报告	20	
合 计			100	
综合评价	自评30%	教师评价70%	合计	

学习情景 8　水泥胶砂强度试验

8.1　试验目的
测定水泥实际强度（即水泥强度），评定水泥质量。

8.2　试验原理
水泥强度是混凝土强度的来源。为密切水泥强度与混凝土强度的相关性，测定水泥强度采用的水泥胶砂配合比应尽可能拟合普通混凝土配合比统计值，标准砂级配应尽可能拟合混凝土砂石整体级配（并延伸至部分水泥级配），水泥胶砂抗折、抗压强度试件的形状、受力形式与混凝土强度试件一致，水泥胶砂养护条件、养护龄期与混凝土养护相匹配，以最大限度实现水泥在胶砂中的强度行为模拟水泥在混凝土中的强度行为。ISO 法检验水泥强度的试验原理与方法，正是基于此目的提出的。ISO 法检验水泥强度，符合水泥强度发展规律、密切了水泥强度与混凝土强度的相关性、模拟了水泥在混凝土中的强度行为、统一了水泥强度检验方法、实现了水泥强度检验结果的可比性与实用性。实际检验水泥强度时，按 ISO 法检验规定龄期水泥胶砂强度（包括水泥石强度及水泥石与标准砂胶结强度）以表征水泥强度。

8.3　试验仪器
8.3.1　行星式水泥胶砂搅拌机
行星式水泥胶砂搅拌机应符合《行星式水泥胶砂搅拌机》（JC/T 681—2005）的要求，搅拌锅与搅拌叶片如图 8.1 所示。

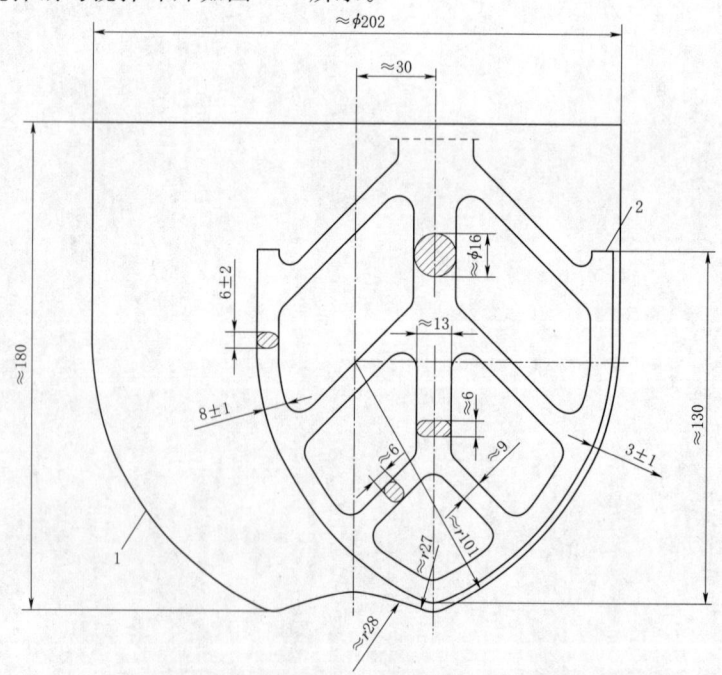

图 8.1　行星式水泥胶砂搅拌机的典型锅和叶片（单位：mm）
1—搅拌锅；2—搅拌叶片

8.3.2 试模

试模（图 8.2）应符合《水泥胶砂试模》（JC/T 726—2005）的要求。

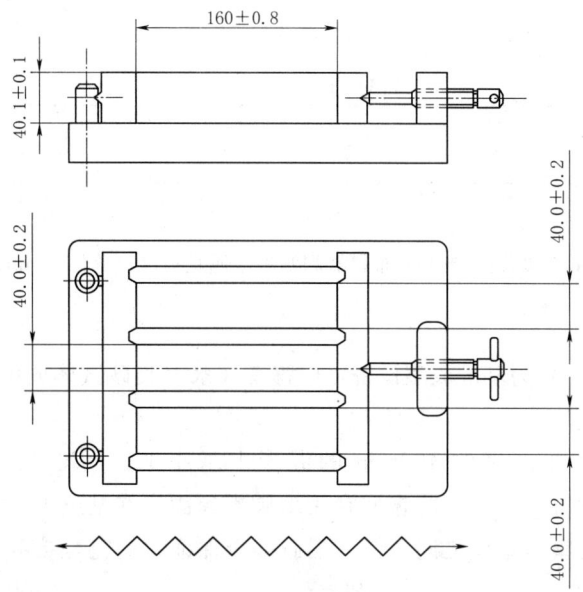

图 8.2 典型的试模（单位：mm）

成型操作时，应在试模上面加有一个壁高 20mm 的金属模套，当从上往下看时，模套壁与试模内壁应该重叠，超出内壁不应大于 1mm。

为了控制料层厚度和刮平，应备有图 8.3 所示的两个布料器和刮平金属直边尺。

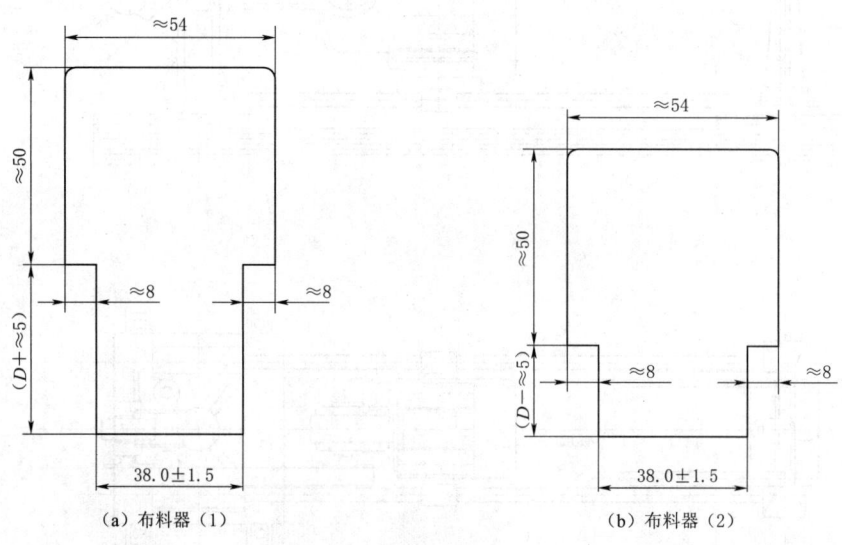

(a) 布料器（1）　　　　　　　　(b) 布料器（2）

图 8.3（一） 典型的布料器和刮平金属直边尺（单位：mm）
D—模套的高度

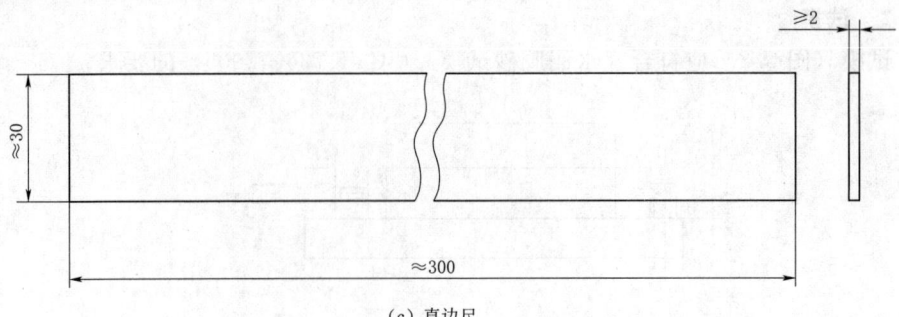

(c) 直边尺

图 8.3（二） 典型的布料器和刮平金属直边尺（单位：mm）

8.3.3 振实台

振实台（图 8.4）为基准成型设备，应符合《水泥胶砂试体成型振实台》（JC/T 682—2005）的要求。

振实台应安装在高度约 400mm 的混凝土基座上。混凝土基座体积应大于 0.25m³，质量应大于 600kg。将振实台用地脚螺丝固定在基座上，安装后台盘成水平状态，振实台底座与基座之间要铺一层胶砂以保证它们完全接触。

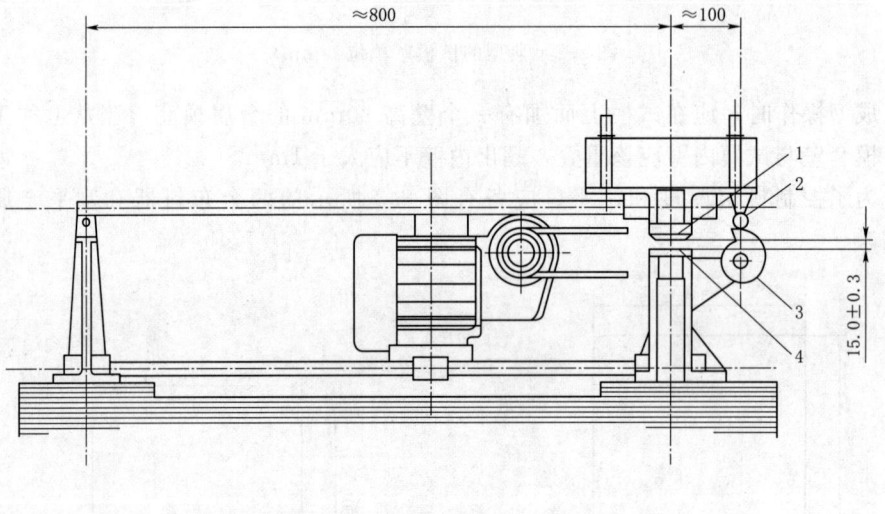

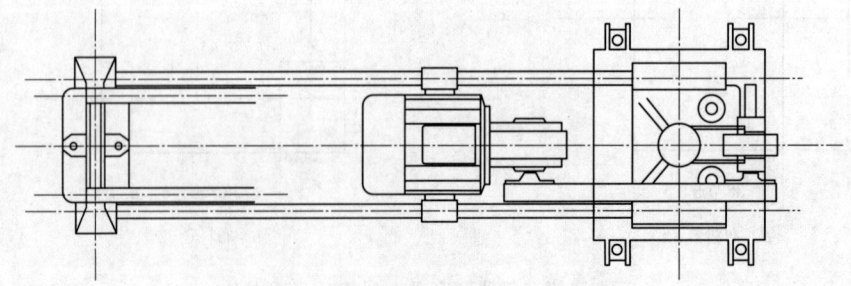

图 8.4 典型的振实台（单位：mm）
1—凸头；2—随动轮；3—凸轮；4—止动器

8.3.4 全自动水泥抗折抗压一体机

抗折强度试验部分应符合《水泥胶砂电动抗折试验机》(JC/T 724—2005)的要求。试体在夹具中受力状态如图8.5所示。示值精度、加荷速度和抗折夹具应符合《水泥胶砂电动抗折试验机》(JC/T 724—2005)的规定。

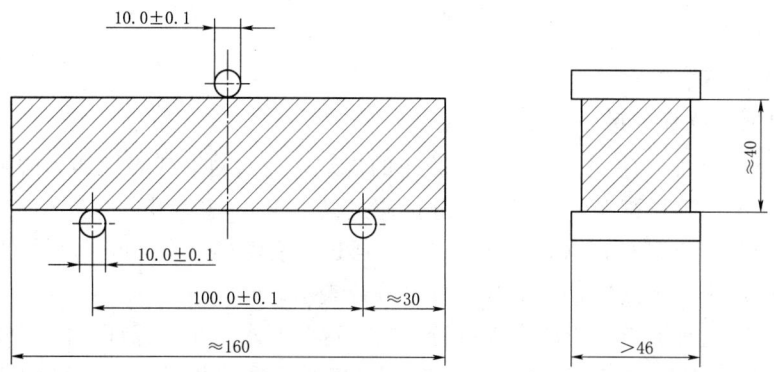

图8.5 抗折强度测定加荷示意图（单位：mm）

8.3.5 抗压夹具

抗压强度试验部分应符合《水泥胶砂强度自动压力试验机》(JC/T 960—2022)的要求。当需要使用抗压夹具时，应把它放在压力机的上下压板之间并与压力机处于同一轴线，以便将压力机的荷载传递至胶砂试体表面。抗压夹具应符合《40mm×40mm 水泥抗压夹具》(JC/T 683—2005)的要求。典型的抗压夹具如图8.6所示。

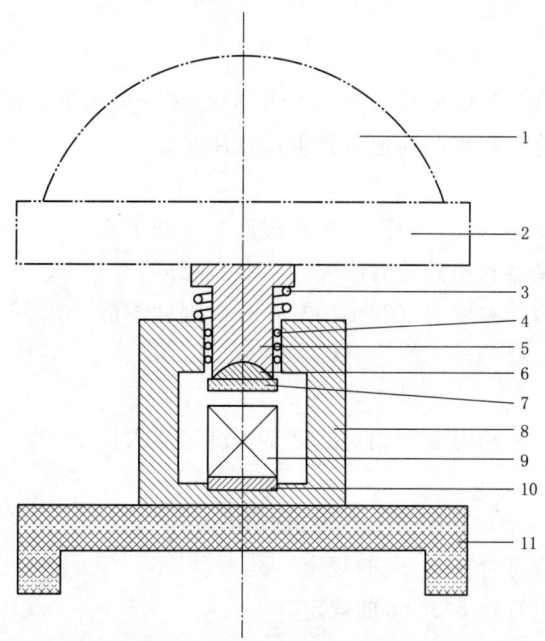

图8.6 典型的抗压夹具

1—压力机球座；2—压力机上压板；3—复位弹簧；4—滚珠轴承；5—滑块；6—夹具球座；
7—夹具上压板；8—夹具框架；9—试体；10—夹具下压板；11—压力机下压板

8.3.6 天平

分度值不大于±1g。

8.3.7 计时器

分度值不大于±1s。

8.3.8 加水器

分度值不大于±1mL。

8.3.9 中国ISO标准砂

中国ISO标准砂应完全符合颗粒分布的规定，通过对有代表性样品的筛析来测定。每个筛子的筛析试验应进行至每分钟通过量小于0.5g为止。

中国ISO标准砂的湿含量小于0.2%，通过代表性样品在105～110℃下烘干至恒重后的质量损失来测定，以干基的质量分数表示。

生产期间这种测定每天应至少进行1次。这些要求不足以保证中国ISO标准砂与ISO基准砂等同。这种等效性是通过中国ISO标准砂和ISO基准砂的比对检验程序来保持的。

中国ISO标准砂以（1350±5）g容量的塑料袋包装。所用塑料袋不应影响强度试验结果，且每袋标准砂应符合规定的颗粒分布以及规定的湿含量要求。

使用前，中国ISO标准砂应妥善存放，避免破损、污染、受潮。

8.3.10 水泥

水泥样品应贮存在气密的容器里，这个容器不应与水泥发生反应。试验前混合均匀。

8.3.11 水

验收试验或有争议时应使用符合《分析实验室用水规格和试验方法》（GB/T 6682—2008）规定的三级水，其他试验可用饮用水。

8.4 试验条件

（1）实验室温度为（20±2）℃，相对湿度应不低于50%；水泥试样、中国ISO标准砂、拌和水、仪器和用具的温度应与实验室相同。

（2）湿气养护箱的温度为（20±1）℃，相对湿度不低于90%。

8.5 试验准备

8.5.1 环境准备

检查实验室及养护箱温度和相对湿度是否满足要求。

8.5.2 样品准备

（1）中国ISO标准砂应符合8.3.9的规定。

（2）水泥样品应符合8.3.10的规定。

（3）试验用水应符合8.3.11的规定。

8.5.3 设备准备

（1）水泥胶砂搅拌机使用前空转一周期，各阶段时间符合±1s的误差要求。

（2）准备好两个水泥胶砂试模。

8.6 试验步骤
8.6.1 胶砂的制备
1. 配合比

胶砂的质量配合比为 1 份水泥、3 份中国 ISO 标准砂和 0.5 份水（水灰比 w/c 为 0.50）。每锅材料需（450±2）g 水泥、（1350±5）g 标准砂和（225±1）mL 或（225±1）g 水。一锅胶砂成型三条试体。

2. 搅拌

胶砂用搅拌机按以下程序进行搅拌，可以采用自动控制，也可以采用手动控制：

（1）把水加入锅里，再加入水泥，把锅固定在固定架上，上升至工作位置。

（2）立即开动机器，先低速搅拌（30±1）s 后，在第二个（30±1）s 开始的同时均匀地将砂加入。把搅拌机调至高速再搅拌（30±1）s。

（3）停拌 90s，在停拌开始的（15±1）s 内，将搅拌锅放下，用刮刀将叶片、锅壁和锅底上的胶砂刮入锅中。

（4）再在高速下继续搅拌（60±1）s。

8.6.2 试体的制备
1. 尺寸和形状

试体为 40mm×40mm×160mm 的棱柱体。

2. 用振实台成型

胶砂制备后立即进行成型。将空试模和模套固定在振实台上，用料勺将锅壁上的胶砂清理到锅内并翻转搅拌胶砂使其更加均匀，成型时将胶砂分两层装入试模。装第一层时，每个槽里约放 300g 胶砂，先用料勺沿试模长度方向划动胶砂以布满模槽，再用大布料器垂直架在模套顶部沿每个模槽来回一次将料层布平，接着振实 60 次。再装入第二层胶砂，用料勺沿试模长度方向划动胶砂以布满模槽，但不能接触已振实的胶砂，再用小布料器布平，振实 60 次。每次振实时可将一块用水湿过拧干、比模套尺寸稍大的棉纱布盖在模套上，以防止振实时胶砂飞溅。

移走模套，从振实台上取下试模，用一金属直边尺以近似 90° 的角度（但向刮平方向稍斜）架在试模模顶的一端，然后沿试模长度方向以横向锯割动作慢慢向另一端移动，将超过试模部分的胶砂刮去。锯割动作的多少和直尺角度的大小取决于胶砂的稀稠程度，较稠的胶砂需要多次锯割，锯割动作要慢以防止拉动已振实的胶砂。用拧干的湿毛巾将试模端板顶部的胶砂擦拭干净，再用同一直边尺以近乎水平的角度将试体表面抹平。抹平的次数要尽量少，总次数不应超过 3 次。最后将试模周边的胶砂擦除干净。

用毛笔或其他方法对试体进行编号。两个龄期以上的试体，在编号时应将同一试模中的 3 条试体分在两个以上龄期内。

8.6.3 试体的养护
1. 脱模前的处理和养护

在试模上盖一块玻璃板，也可用相似尺寸的钢板或不渗水的、和水泥没有反应的材料制成的板。盖板不应与水泥胶砂接触,盖板与试模之间的距离应控制在2~3mm之间。为了安全,玻璃板应有磨边。

立即将做好标记的试模放入养护室或湿箱的水平架子上养护,湿空气应能与试模各边接触。养护时不应将试模放在其他试模上。一直养护到规定的脱模时间时取出脱模。

2. 脱模

脱模应非常小心。脱模时可以用橡皮锤或脱模器。

对于24h龄期的,应在破型试验前20min内脱模。对于24h以上龄期的,应在成型后20~24h之间脱模。

如经24h养护,会因脱模对强度造成损害时,可以延迟至24h以后脱模,但在试验报告中应予说明。

已确定作为24h龄期试验(或其他不下水直接做试验)的已脱模试体,应用湿布覆盖至做试验时为止。

对于胶砂搅拌或振实台的对比,建议称量每个模型中试体的总量。

3. 水中养护

将做好标记的试体立即水平或竖直放在(20±1)℃水中养护,水平放置时刮平面应朝上。

试体放在不易腐烂的箅子上,并彼此间保持一定间距,让水与试体的6个面接触。养护期间试体之间间隔或试体上表面的水深不应小于5mm。

注:不宜用未经防腐处理的木箅子。

每个养护池只养护同类型的水泥试体。

最初用自来水装满养护池(或容器),随后随时加水保持适当的水位。在养护期间,可以更换不超过50%的水。

4. 强度试验试体的龄期

除24h龄期或延迟至48h脱模的试体外,任何到龄期的试体应在试验(破型)前提前从水中取出。揩去试体表面沉积物,并用湿布覆盖至试验为止。试体龄期是从水泥加水搅拌开始试验时算起。不同龄期强度试验在下列时间里进行:

(1) 24h±15min。

(2) 48h±30min。

(3) 72h±45min。

(4) 7d±2h。

(5) 28d±8h。

8.6.4 试验程序

1. 抗折强度的测定

用抗折强度试验机测定抗折强度。

将试体一个侧面放在试验机支撑圆柱上,试体长轴垂直于支撑圆柱,通过加荷圆柱以(50±10)N/s的速率均匀地将荷载垂直地加在棱柱体相对侧面上,直至折断。

保持两个半截棱柱体处于潮湿状态直至抗压试验。

抗折强度按式（8.1）进行计算：

$$R_f = 1.5 F_f L/b^3 \tag{8.1}$$

式中　R_f——抗折强度，MPa；

　　　F_f——折断时施加于棱柱体中部的荷载，N；

　　　L——支撑圆柱之间的距离，mm；

　　　b——棱柱体正方形截面的边长，mm。

2. 抗压强度测定

抗折强度试验完成后，取出两个半截试体，进行抗压强度试验。抗压强度试验通过规定的仪器，在半截棱柱体的侧面上进行。半截棱柱体中心与压力机压板受压中心差应在±0.5mm内，棱柱体露在压板外的部分约有10mm。

在整个加荷过程中以（2400±200）N/s的速率均匀地加荷直至破坏。

抗压强度按式（8.2）进行计算，受压面积计为1600mm²：

$$R_c = F_c / A \tag{8.2}$$

式中　R_c——抗压强度，MPa；

　　　F_c——破坏时的最大荷载，N；

　　　A——受压面积，mm²。

8.7　试验结果计算及分析

8.7.1　抗折强度

1. 结果计算和表示

以一组3个棱柱体抗折结果的平均值作为试验结果。当3个强度值中有一个超出平均值的±10%时，应剔除后再取平均值作为抗折强度试验结果；当3个强度值中有两个超出平均值±10%时，则以剩余一个作为抗折强度结果。

单个抗折强度结果精确至0.1MPa，算术平均值精确至0.1MPa。

2. 结果报告

报告所有单个抗折强度结果以及按规定剔除的抗折强度结果，计算平均值，填入表8.1。

8.7.2　抗压强度

8.7.2.1　结果计算和表示

以一组3个棱柱体上得到的6个抗压强度测定值的平均值为试验结果。当6个测定值中有一个超出6个平均值的±10%时，剔除这个结果，再以剩下5个的平均值为结果。当5个测定值中再有超过它们平均值的±10%时，则此组结果作废。当6个测定值中同时有2个或2个以上超出平均值的±10%时，则此组结果作废。

单个抗压强度结果精确至0.1MPa，算术平均值精确至0.1MPa。

8.7.2.2　结果报告

报告所有单个抗压强度结果以及按规定剔除的抗压强度结果，计算平均值，填入表8.1。

表 8.1　　　　　　　　　　　水泥胶砂强度试验报告

水泥品种及强度等级					执行标准			
三联试件所需材料		水泥/g		标准砂/g	水/mL	水灰比		灰砂比
3d强度测定	抗折强度	试件编号		1		2		3
		破坏荷载 F_f/N						
		抗折强度/MPa						
		强度平均值/MPa						
	抗压强度	试件编号	1	2	3	4	5	6
		破坏荷载 F_c/N						
		抗压强度/MPa						
		强度平均值/MPa						
28d强度测定	抗折强度	试件编号		1		2		3
		破坏荷载 F_f/N						
		抗折强度/MPa						
		强度平均值/MPa						
	抗压强度	试件编号	1	2	3	4	5	6
		破坏荷载 F_c/N						
		抗压强度/MPa						
		强度平均值/MPa						
水泥强度等级					水泥强度 f_{ce}			

注　1. 抗折强度＝0.00234F_f(MPa)。
　　2. 抗压强度＝0.000625F_c(MPa)；抗压强度承压面积40×40mm²。

试验结果分析：

8.7.2.3　抗压强度方法的精确性

1. 短期重复性

短期重复性给出的是使用同一中国 ISO 标准砂样品和水泥样品，在同一实验室、使用同一设备、同一人员操作条件下，在较短的时间内所获得的试验结果的一致性程度。

对于 28d 龄期抗压强度，在上述条件下，"一般实验室"的短期重复性以变异系数表示，应小于 2%。

注：实践表明，较熟练的实验室可以达到 1%。

当用于中国 ISO 标准砂和代用设备的验收试验时，短期重复性可用于测量试验方法的精确性。

2. 长期重复性

长期重复性给出的是使用经均化的同一水泥样品和同一中国 ISO 标准砂样品，在同一实验室、使用不同设备、不同人员操作条件下，在较长时间内所获得的试验结果的一致性程度。

对于 28d 龄期抗压强度，在上述条件下，"一般实验室"的长期重复性以变异系数表示，应小于 3.5%。

注：实践表明，较熟练的实验室可以达到 2.5%。

长期重复性可用于测量中国 ISO 标准砂月检以及实验室长期试验方法的精确性。

3. 再现性

抗压强度方法的再现性，给出的是同一个水泥样品在不同实验室的不同操作人员在不同的时间，用不同来源的标准砂和不同设备所获得试验结果的一致性程度。

对于 28d 抗压强度的测定，在"一般实验室"之间的再现性用变异系数表示，可要求不超过 4%。

注：实践表明，较熟练的实验室可以达到 3%。

再现性可用来评价水泥或中国 ISO 标准砂匀质性试验方法的精确性。

8.8 评价反馈

8.8.1 学生自评

学生进行自我评价，并将结果填入表 8.2 中。

表 8.2　　　　　　　　　　学 生 自 评 表

班级：	姓名：	学号：
学习情景 8	水泥胶砂强度试验	

评价项目	评 价 标 准	分值	得分
试验原理	能正确理解试验原理	15	
试验步骤	能熟练按规范或规程实操	45	
试验结果	能正确分析与处理试验数据	20	
试验现象	能分析试验现象产生的原因	20	

8.8.2 教师评价

教师对学生试验过程与试验结果进行评价，并将评价结果填入表 8.3 中。

表 8.3　　　　　　　　　　教 师 综 合 评 价 表

班级：	姓名：	学号：
学习情景 8	水泥胶砂强度试验	

评价项目	评 价 标 准	分值	得分
考勤（10%）	无迟到、早退、旷课现象	10	

续表

试验过程(50%)	仪器使用	能正确使用仪器设备	10	
	操作步骤	试验操作规范	10	
	试验态度	严谨、主动、肯干；工匠意识强	10	
	协调能力	与小组成员能紧密配合，协同工作	10	
	职业素质	能做到规范、安全、文明试验，初步具有工匠精神。能爱护设备、保持实验室整洁	10	
项目成果(40%)	工作规范	能查阅、理解、使用技术规范	10	
	试验完整	能按时、按质、按量完成试验任务	10	
	试验结果	能准确记录、分析、处理试验结果；能规范填写试验报告	20	
合计			100	
综合评价	自评30%	教师评价70%	合计	

项目二

细骨料性能检测

学习情景9　砂表观密度（视密度）试验

9.1　试验目的

测定砂一定体积（指其实体体积与内部封闭孔隙体积之和）内的质量，作为评定砂质量的依据，为混凝土配合比设计提供资料。

9.2　试验原理

采用排水法测定砂的体积，以计算其表观密度。由于水能进入砂开口孔隙（即砂开口孔隙不能排开水的体积），排水法测得的体积为砂实体体积与内部封闭孔隙体积之和（不包括开口孔隙体积）。因砂比较密实，开口孔隙少，所以直接以排开水的体积来代替砂的表观体积，进而得到砂的表观密度。又因砂内部封闭孔隙也少，排水法测得的体积与砂实体体积很近似，故又将该表观密度称为视密度。显然，该法得到的砂、石表观密度已满足混凝土配合比设计时按体积法计算砂、石的填充要求。

9.3　试验仪器

（1）天平：分度值不大于0.1g。
（2）烘箱：可控制温度在（105±5）℃。
（3）容量瓶：体积为1000mL。
（4）其他：温度计1个和金属托盘1个。

9.4　试验条件

实验室温度为（20±2）℃。

9.5　试验准备

用托盘装自然状态砂（细骨料）试样约10kg，在（105±5）℃的烘箱中烘至恒量，冷却至室温备用。试样烘干后如有结团，应在试验前捏碎。

9.6　试验步骤

（1）称取烘干试样约600g（G_1，精确至0.1g，下同）两份，按下述步骤分别进行测试。

（2）试验应在温度为（20±2）℃的环境中进行。将试样通过漏斗装入盛有半满水的容量瓶中，然后用手旋转摇动容量瓶（手和瓶之间应垫干毛巾，防止传热），使试样充分搅动,排除气泡。静置24h。然后加水至瓶颈刻线处,测出瓶内水温,塞紧瓶盖,擦干瓶外水分,称出试样、水及容量瓶总质量(G_2)。

(3) 将瓶内的水和试样全部倒出,洗净容量瓶,再向瓶内加水至瓶颈刻线处,测出瓶内水温,塞紧瓶盖,擦干瓶外水分,称出水及容量瓶总质量(G_3)。在操作过程中,前后两次注入容量瓶的水,温度相差不应超过2℃。

9.7 试验结果计算及分析

(1) 干燥状态细骨料的表观密度按照式(9.1)计算:

$$\rho_d = G_1/(G_1+G_3-G_2)\rho_w \qquad (9.1)$$

式中 ρ_d——干燥状态细骨料表观密度,kg/m³;

ρ_w——水的密度,kg/m³;

G_1——干燥状态试样质量,g;

G_2——试样、水及容量瓶总质量,g;

G_3——水及容量瓶总质量,g。

(2) 结果判别。以两次测值的平均值作为表观密度试验结果(修约间隔为10kg/m³),填入表9.1中。当表观密度的两次测值相差大于20kg/m³时,应重做试验。

表9.1　　　　　　　　砂表观密度(视密度)试验报告

砂种类				执行标准	
试验编号	烘干砂质量 G_1/g	瓶、砂、水质量 G_2/g	瓶与水质量 G_3/g	砂表观密度 ρ_d/(g/cm³)	砂表观密度平均值 /(g/cm³)
1					
2					
注　若两次试验结果之差的绝对值大于0.02g/cm³,则试验应重做。					
试验结果分析:					

9.8 评价反馈

9.8.1 学生自评

学生进行自我评价,并将结果填入表9.2中。

表9.2　　　　　　　　　　学　生　自　评　表

班级:		姓名:	学号:
学习情景9		砂表观密度(视密度)试验	
评价项目	评价标准	分值	得分
试验原理	能正确理解试验原理	15	
试验步骤	能熟练按规范或规程实操	45	
试验结果	能正确分析与处理试验数据	20	
试验现象	能分析试验现象产生的原因	20	

9.8.2 教师评价

教师对学生试验过程与试验结果进行评价，并将评价结果填入表9.3中。

表9.3　　　　　　　　　　　　教师综合评价表

班级：		姓名：	学号：	
学习情景9		砂表观密度（视密度）试验		
评价项目		评 价 标 准	分值	得分
考勤（10%）		无迟到、早退、旷课现象	10	
试验过程（50%）	仪器使用	能正确使用仪器设备	10	
	操作步骤	试验操作规范	10	
	试验态度	严谨、主动、肯干；工匠意识强	10	
	协调能力	与小组成员能紧密配合，协同工作	10	
	职业素质	能做到规范、安全、文明试验，初步具有工匠精神。能爱护设备、保持实验室整洁	10	
项目成果（40%）	工作规范	能查阅、理解、使用技术规范	10	
	试验完整	能按时、按质、按量完成试验任务	10	
	试验结果	能准确记录、分析、处理试验结果；能规范填写试验报告	20	
		合　　计	100	
综合评价	自评30%	教师评价70%	合计	

学习情景10 砂含水率试验

10.1 试验目的
测定砂含水率,以准确计算混凝土、砂浆中砂用量以及校正水用量。

10.2 试验原理
按砂含水率定义(砂所含水质量占干砂质量的百分率)进行试验。

10.3 试验仪器
(1)天平:量程不小于1000g,分度值不大于0.1g。
(2)烘箱:可控制温度在(105±5)℃。
(3)其他:吸管、金属托盘、小勺和毛刷。

10.4 试验条件
实验室温度为(20±5)℃。

10.5 试验前准备
检查实验室温度是否满足要求。

10.6 试验步骤
(1)将自然潮湿状态下的试样用四分法缩分至约1100g,拌匀后平均分为两份备用。

(2)称取一份试样,精确至0.1g,记为m_{k0}。将试样倒入金属托盘中,放在烘箱中于(105±5)℃下烘至恒重。待冷却至室温后,再称出其质量,记为m_{k1},精确至0.1g。

10.7 结果判别
(1)砂含水率按式(10.1)计算:
$$w=(m_{k0}-m_{k1})/m_{k1}\times100\% \tag{10.1}$$
式中 w——砂含水率;
m_{k0}——烘干前的试样质量,g;
m_{k1}——烘干后的试样质量,g。

(2)结果判别。砂含水率取两次试验结果的算术平均值,精确至0.1%,填入表10.1中。两次试验结果之差大于0.2%时,应重新试验。

表10.1　　　　　　　砂含水率试验报告

砂种类		执行标准	
试验编号	烘干前的试样质量 m_{k0}/g	烘干后的试样质量 m_{k1}/g	砂含水率 $w/\%$	砂含水率平均值 /%
1				
2				
试验结果分析:				

10.8 评价反馈
10.8.1 学生自评
学生进行自我评价,并将结果填入表10.2中。

表10.2　　　　　　　　　　学 生 自 评 表

班级:	姓名:	学号:	
学习情景10	砂含水率试验		
评价项目	评 价 标 准	分值	得分
试验原理	能正确理解试验原理	15	
试验步骤	能熟练按规范或规程实操	45	
试验结果	能正确分析与处理试验数据	20	
试验现象	能分析试验现象产生的原因	20	

10.8.2 教师评价
教师对学生试验过程与试验结果进行评价,并将评价结果填入表10.3中。

表10.3　　　　　　　　　教 师 综 合 评 价 表

班级:		姓名:	学号:		
学习情景10		砂含水率试验			
评价项目		评 价 标 准		分值	得分
考勤(10%)		无迟到、早退、旷课现象		10	
试验过程(50%)	仪器使用	能正确使用仪器设备		10	
	操作步骤	试验操作规范		10	
	试验态度	严谨、主动、肯干;工匠意识强		10	
	协调能力	与小组成员能紧密配合,协同工作		10	
	职业素质	能做到规范、安全、文明试验,初步具有工匠精神。能爱护设备、保持实验室整洁		10	
项目成果(40%)	工作规范	能查阅、理解、使用技术规范		10	
	试验完整	能按时、按质、按量完成试验任务		10	
	试验结果	能准确记录、分析、处理试验结果;能规范填写试验报告		20	
合　　计				100	
综合评价	自评30%		教师评价70%	合计	

学习情景 11　砂松散堆积密度、松散空隙率试验

11.1　试验目的
测定砂在自然堆积状态下单位体积的质量、计算自然松散状态下砂的空隙率，以评定砂的质量及级配，为混凝土配合比设计提供资料，并用以估计运输工具的数量或存放堆场的面积等。

11.2　试验原理
按砂松散堆积密度、松散空隙率的定义进行测定与计算，是确定低塑性混凝土、塑性混凝土、流动性混凝土、大流动性混凝土灰浆用量（用"灰浆富裕系数"表示）或砂率的重要依据。

11.3　试验仪器
（1）天平：量程不小于 10kg，分度值不大于 1g。
（2）烘箱：可控制温度在（105±5）℃。
（3）容量筒：圆柱形金属筒，内径 108mm，净高 109mm，壁厚 2mm，筒底厚约 5mm，容积为 1000mL。
（4）试验筛：孔径为 4.75mm 的筛。
（5）其他：直尺、漏斗或料勺、金属托盘、毛刷等。

11.4　试验条件
实验室温度为（20±5）℃。

11.5　试验准备
检查实验室温度是否满足要求。

11.6　试验步骤
（1）按规定取样，用金属托盘装取试样约 3L，放在烘箱中于（105±5）℃下烘干至恒重，待冷却至室温后，筛除大于 4.75mm 的颗粒，平均分为 2 份备用。

（2）称容量筒质量，记为 G_1。测定松散堆积密度，取试样 1 份，用漏斗或料勺将试样从容量筒中心上方 50mm 处缓慢倒入，让试样以自由落体落下，当容量筒上部试样呈堆体，且容量筒四周溢满时，即停止加料，试验过程应防止触动容量筒。用直尺沿筒口中心线向两边刮平，称出试样和容量筒总质量（G_2），精确至 1g。

11.7　试验结果计算及分析
（1）松散堆积密度按式（11.1）计算：

$$\rho_1 = (G_2 - G_1)/V \tag{11.1}$$

式中　ρ_1——松散堆积密度，kg/m³；
　　　G_1——容量筒质量，kg；
　　　G_2——松散堆积时容量筒和试样总质量，kg；
　　　V——容量筒容积，m³ 或 L。

（2）松散堆积空隙率应按式（11.2）计算，并精确至 1%：

$$P_1 = (1 - \rho_1/\rho_d) \times 100\% \tag{11.2}$$

式中　P_1——松散堆积空隙率，%；

　　　ρ_d——试样表观密度，kg/m³。

（3）结果判别。堆积密度取两次试验结果的算术平均值，精确至 10kg/m³，填入表 11.1 中。空隙率取两次试验结果的算术平均值，精确至 1%，填入表 11.2 中。

表 11.1　　　　　　　砂松散堆积密度试验报告

执行标准				
试验编号	容量筒重 G_1/kg	容量筒、松散砂共重 G_2/kg	容量筒的容积 V/L	砂松散堆积密度 ρ_1/(kg/m³)	砂松散堆积密度平均值 /(kg/m³)
1					
2					
注　$\rho_1 = (G_2 - G_1)/V$					
试验结果分析：					

表 11.2　　　　　　　砂松散堆积空隙率试验报告

执行标准			
试验编号	砂表观密度 ρ_d/(kg/m³)	砂松散堆积密度 ρ_1/(kg/m³)	砂松散堆积空隙率 P_1/%	砂松散堆积空隙率平均值 /%
1				
2				
注　$P_1 = (1 - \rho_1/\rho_d) \times 100\%$				
试验结果分析：				

11.8　评价反馈

11.8.1　学生自评

学生进行自我评价，并将结果填入表 11.3 中。

表 11.3　　　　　　　　　学　生　自　评　表

班级：		姓名：	学号：	
学习情景 11	砂松散堆积密度、松散空隙率试验			
评价项目	评价标准		分值	得分
试验原理	能正确理解试验原理		15	
试验步骤	能熟练按规范或规程实操		45	
试验结果	能正确分析与处理试验数据		20	
试验现象	能分析试验现象产生的原因		20	

11.8.2　教师评价

教师对学生试验过程与试验结果进行评价，并将评价结果填入表 11.4 中。

表 11.4 教师综合评价表

班级：		姓名：	学号：	
学习情景 11		砂松散堆积密度、松散空隙率试验		
评价项目		评价标准	分值	得分
考勤（10%）		无迟到、早退、旷课现象	10	
试验过程（50%）	仪器使用	能正确使用仪器设备	10	
	操作步骤	试验操作规范	10	
	试验态度	严谨、主动、肯干；工匠意识强	10	
	协调能力	与小组成员能紧密配合，协同工作	10	
	职业素质	能做到规范、安全、文明试验，初步具有工匠精神。能爱护设备、保持实验室整洁	10	
项目成果（40%）	工作规范	能查阅、理解、使用技术规范	10	
	试验完整	能按时、按质、按量完成试验任务	10	
	试验结果	能准确记录、分析、处理试验结果；能规范填写试验报告	20	
合　计			100	
综合评价	自评 30%	教师评价 70%	合计	

学习情景 12　砂紧密堆积密度、紧密空隙率试验

12.1　试验目的
测定砂在振实状态下单位体积的质量，计算振实状态下砂的空隙率。为通过振动碾压密实的干硬性混凝土（如碾压混凝土）配合比设计提供资料。

12.2　试验原理
砂在振动作用下，砂颗粒获得动能处于高能状态，高能状态的颗粒有不断尽量转向最低能状态的趋势，使得砂颗粒发生位移、翻转而重新排列。重新排列的结果，迫使整个体系因砂颗粒相互填充与嵌固而能量最低，其表现形式为：砂堆积密度最大、空隙率最小。砂紧密堆积密度、紧密空隙率是确定通过振动碾压密实的干硬性混凝土（如碾压混凝土）灰浆用量（用"灰浆富裕系数"表示）的重要依据。

12.3　试验仪器
（1）烘箱：可控制温度在（105±5）℃。
（2）天平：量程不小于 10kg，分度值不大于 1g。
（3）容量筒：圆柱形金属筒，内径 108mm，净高 109mm，壁厚 2mm，筒底厚约 5mm，容积为 1L。
（4）试验筛：孔径为 4.75mm 的筛。
（5）垫棒：直径 10mm，长 500mm 的圆钢。
（6）其他：直尺、漏斗或料勺、金属托盘、毛刷。

12.4　试验条件
实验室温度为（20±5）℃。

12.5　试验准备
检查实验室温度是否满足要求。

12.6　试验步骤
（1）按规定取样，用金属托盘装取试样约 3L，放在烘箱中于（105±5）℃下烘干至恒重，待冷却至室温后，筛除大于 4.75mm 的颗粒，平均分为 2 份备用。
（2）称容量筒质量，记为 G_1。测定紧密堆积密度，取试样 1 份分两次装入容量筒，装完第一层后（约稍高于 1/2），在筒底垫放一根直径为 10mm 的圆钢，将筒按住，左右交替击地面各 25 下。然后装入第二层，第二层装满后用同样方法颠实，筒底所垫钢筋的方向与第一层时的方向垂直。再加试样直至超过筒口，然后用直尺沿筒口中心线向两边刮平，称出试样和容量筒总质量 G_2，精确至 1g。

12.7　试验结果计算及分析
（1）紧密堆积密度按式（12.1）计算：
$$\rho_c = (G_2 - G_1)/V \tag{12.1}$$
式中　ρ_c——紧密堆积密度，kg/m^3；
　　　G_1——容量筒质量，kg；
　　　G_2——紧密堆积时容量筒和试样总质量，kg；

V——容量筒容积，m^3 或 L。

(2) 紧密堆积空隙率应按式 (12.2) 计算，并精确至 1%：
$$P_c = (1 - \rho_c / \rho_d) \times 100\% \tag{12.2}$$

式中　P_c——紧密堆积空隙率，%；
　　　ρ_d——试样表观密度，kg/m^3。

(3) 结果判别。堆积密度取两次试验结果的算术平均值，精确至 $10kg/m^3$，填入表 12.1 中。空隙率取两次试验结果的算术平均值，精确至 1%，填入表 12.2 中。

表 12.1　　　　　砂紧密堆积密度（ρ_c）试验报告

执行标准					
试验编号	容量筒重 G_1/kg	容量筒、紧密砂共重 G_2/kg	容量筒的容积 V/L	砂紧密堆积密度 $\rho_c/(kg/m^3)$	砂紧密堆积密度平均值/(kg/m^3)
1					
2					
注　$\rho_c = (G_2 - G_1)/V$					
试验结果分析：					

表 12.2　　　　　砂紧密堆积空隙率（P_c）试验报告

执行标准				
试验编号	砂表观密度 $\rho_d/(kg/m^3)$	砂紧密堆积密度 $\rho_c/(kg/m^3)$	砂紧密堆积空隙率 $P_c/\%$	砂紧密堆积空隙率平均值/%
1				
2				
注　$P_c = (1 - \rho_c / \rho_d) \times 100\%$				
试验结果分析：				

12.8　评价反馈

12.8.1　学生自评

学生进行自我评价，并将结果填入表 12.3 中。

表 12.3　　　　　学 生 自 评 表

班级：	姓名：	学号：	
学习情景 12	砂紧密堆积密度、紧密空隙率试验		
评价项目	评价标准	分值	得分
试验原理	能正确理解试验原理	15	
试验步骤	能熟练按规范或规程实操	45	
试验结果	能正确分析与处理试验数据	20	
试验现象	能分析试验现象产生的原因	20	

12.8.2 教师评价

教师对学生试验过程与试验结果进行评价，并将评价结果填入表 12.4 中。

表 12.4 教师综合评价表

班级：		姓名：	学号：	
学习情景 12		砂紧密堆积密度、紧密空隙率试验		
评价项目		评 价 标 准	分值	得分
考勤（10%）		无迟到、早退、旷课现象	10	
试验过程（50%）	仪器使用	能正确使用仪器设备	10	
	操作步骤	试验操作规范	10	
	试验态度	严谨、主动、肯干；工匠意识强	10	
	协调能力	与小组成员能紧密配合，协同工作	10	
	职业素质	能做到规范、安全、文明试验，初步具有工匠精神。能爱护设备、保持实验室整洁	10	
项目成果（40%）	工作规范	能查阅、理解、使用技术规范	10	
	试验完整	能按时、按质、按量完成试验任务	10	
	试验结果	能准确记录、分析、处理试验结果；能规范填写试验报告	20	
合　　计			100	
综合评价	自评 30%	教师评价 70%		合计

学习情景13 砂含泥量试验

13.1 试验目的
测定砂中泥(粒径小于0.08mm的颗粒)总含量,用以评定砂的质量。

13.2 试验原理
通过水浸、淘洗等方法使泥与砂分离并溶解或悬浮于水中,再用孔径为0.08mm的筛滤除。

13.3 试验仪器
(1) 烘箱:可控制温度在(105±5)℃。

(2) 天平:量程不小于1000g,分度值不大于0.1g。

(3) 试验筛:筛孔尺寸为1.25mm、0.08mm的方孔套筛。

(4) 其他:洗砂筒(深度需大于250mm)、搅棒、金属托盘、水槽等。

13.4 试验条件
实验室温度为(20±5)℃。

13.5 试验准备
检查实验室温度是否满足要求。

13.6 试验步骤
(1) 称取烘干细骨料约500g(G_0,精确到0.1g,下同)2份,按下述步骤分别进行测试。

(2) 将试样放入洗砂筒中,注入清水淹没试样,用搅棒充分搅拌后,浸泡2h。

(3) 用手在水中充分淘洗试样,然后把浑水倒入1.25mm及0.08mm的套筛上(按筛孔上大下小套放),滤去小于0.08mm的颗粒。

(4) 再在筒中加入清水,重复步骤13.6(3)的操作,直至筒内的水清澈为止。把最后一次水倒入套筛。

(5) 用细水流充分冲洗剩留在套筛上的颗粒。移去1.25mm筛,将0.08mm筛半浸在水槽中来回摇动,以充分洗除小于0.08mm的颗粒。

(6) 将筒中已洗净的砂及两只筛上剩留的颗粒倒入金属托盘中,在(105±5)℃的烘箱中烘至恒量,待冷却至室温后,称出试样质量(G_1)。

13.7 试验结果计算及分析
(1) 砂含泥量按式(13.1)计算:

$$Q_f = (G_0 - G_1)/G_0 \times 100\% \tag{13.1}$$

式中 Q_f——天然细骨料含泥量,%;

G_0——试验前的烘干试样质量,g;

G_1——试验后的烘干试样质量,g。

(2) 结果判别。以两次测值的平均值作为试验结果(修约间隔0.1%),填入表13.1中。当两次测值相差大于0.5%时,应重做试验。

表 13.1　　　　　　　　　　砂含泥量试验报告

砂种类			执行标准		
试验顺序	试验前烘干砂样重 G_0/g	洗除小于0.08mm颗粒后干砂重 G_1/g	含泥重 G_0-G_1/g	砂含泥量 Q_f/%	砂含泥量平均值/%
1					
2					
注　1. $Q_f=(G_0-G_1)/G_0\times100\%$。 　　2. 若$|Q_{f1}-Q_{f2}|>0.5\%$，试验应重做。					
试验结果分析：					

13.8　评价反馈

13.8.1　学生自评

学生进行自我评价，并将结果填入表13.2中。

表 13.2　　　　　　　　　　学 生 自 评 表

班级：	姓名：	学号：	
学习情景13	砂含泥量试验		
评价项目	评价标准	分值	得分
试验原理	能正确理解试验原理	15	
试验步骤	能熟练按规范或规程实操	45	
试验结果	能正确分析与处理试验数据	20	
试验现象	能分析试验现象产生的原因	20	

13.8.2　教师评价

教师对学生试验过程与试验结果进行评价，并将评价结果填入表13.3中。

表 13.3　　　　　　　　　　教师综合评价表

班级：		姓名：	学号：	
学习情景13		砂含泥量试验		
评价项目		评价标准	分值	得分
考勤（10%）		无迟到、早退、旷课现象	10	
试验过程（50%）	仪器使用	能正确使用仪器设备	10	
	操作步骤	试验操作规范	10	
	试验态度	严谨、主动、肯干；工匠意识强	10	
	协调能力	与小组成员能紧密配合，协同工作	10	
	职业素质	能做到规范、安全、文明试验，初步具有工匠精神。能爱护设备、保持实验室整洁	10	

续表

项目成果(40%)	工作规范	能查阅、理解、使用技术规范	10	
	试验完整	能按时、按质、按量完成试验任务	10	
	试验结果	能准确记录、分析、处理试验结果；能规范填写试验报告	20	
合　计			100	
综合评价	自评30%	教师评价70%	合计	

学习情景 14　砂泥块含量试验

14.1　试验目的
测定砂中泥块含量，以评定砂质量。

14.2　试验原理
砂中粒径大于 1.25mm，经手捏碎成为小于 0.63mm 的颗粒称为泥块，按砂中泥块定义进行检验。

14.3　试验仪器
（1）天平：分度值不大于 0.1g。
（2）烘箱：可控制温度在（105±5）℃。
（3）试验筛：筛孔尺寸为 1.25mm、0.63mm 的方孔套筛。
（4）其他：金属托盘、毛刷、料铲等。

14.4　试验条件
实验室温度为（20±5）℃。

14.5　试验准备
环境准备：检查实验室温度是否满足要求。

14.6　试验步骤
（1）称取烘干的细骨料试样约 500g（G_0，精确到 0.1g，下同）两份，按下述步骤分别进行测试。
（2）将试样用 1.25mm 筛筛分，称取粒径 1.25mm 以上的试样质量（G_1），不得少于 100g，否则应增加筛分前的试样量。
（3）将 1.25mm 以上的试样在金属托盘中摊成薄层，用手捏碎所有泥块，然后过 0.63mm 筛，称出剩余试样的质量（G_2）。

14.7　试验结果计算及分析
（1）天然细骨料中泥块含量按照式（14.1）计算：

$$Q_c = (G_1 - G_2)/G_0 \times 100\% \tag{14.1}$$

式中　Q_c——天然细骨料泥块含量，%；
　　　G_0——烘干试样质量，g；
　　　G_1——粒径 1.25mm 以上的试样质量，g；
　　　G_2——筛除泥块后的试样质量，g。

（2）以两次测值的平均值作为试验结果（修约间隔 0.1%），填入表 14.1 中。

14.8　评价反馈
14.8.1　学生自评
学生进行自我评价，并将结果填入表 14.2 中。

表 14.1　　　　　　　　　　砂泥块含量试验报告

砂种类			执行标准		
试验顺序	烘干试样质量 G_0/g	试样中粒径大于1.25mm 颗粒质量 G_1/g	粒径大于1.25mm颗粒经捏碎后 0.63mm 筛筛余质量 G_2/g	砂泥块量 $Q_c/\%$	砂泥块量平均值/%
1					
2					
试验结果分析：					

表 14.2　　　　　　　　　　学 生 自 评 表

班级：		姓名：	学号：	
学习情景 14		砂泥块含量试验		
评价项目		评 价 标 准	分值	得分
试验原理		能正确理解试验原理	15	
试验步骤		能熟练按规范或规程实操	45	
试验结果		能正确分析与处理试验数据	20	
试验现象		能分析试验现象产生的原因	20	

14.8.2　教师评价

教师对学生试验过程与试验结果进行评价，并将评价结果填入表 14.3 中。

表 14.3　　　　　　　　　　教 师 综 合 评 价 表

班级：		姓名：	学号：	
学习情景 14		砂泥块含量试验		
评价项目		评 价 标 准	分值	得分
考勤（10%）		无迟到、早退、旷课现象	10	
试验过程（50%）	仪器使用	能正确使用仪器设备	10	
	操作步骤	试验操作规范	10	
	试验态度	严谨、主动、肯干；工匠意识强	10	
	协调能力	与小组成员能紧密配合，协同工作	10	
	职业素质	能做到规范、安全、文明试验，初步具有工匠精神。能爱护设备、保持实验室整洁	10	
项目成果（40%）	工作规范	能查阅、理解、使用技术规范	10	
	试验完整	能按时、按质、按量完成试验任务	10	
	试验结果	能准确记录、分析、处理试验结果；能规范填写试验报告	20	
合　　计			100	
综合评价	自评30%	教师评价70%	合计	

学习情景 15　砂 筛 分 析 试 验

15.1　试验目的
通过砂筛分析试验，计算砂的细度模数，评定砂粗细程度；对照级配表，评定砂颗粒级配。

15.2　试验原理
将砂（粒径小于 5.00mm，对应筛孔径 4.75mm）用方孔套筛筛分，4.75mm、2.36mm、1.18mm、0.60mm、0.30mm、0.15mm 各筛的累计筛余百分率分别为 A_1、A_2、A_3、A_4、A_5、A_6（其中 $A_1=0$），砂细度模数原始定义为 $M_x=(A_2+A_3+A_4+A_5+A_6)/100$，其中 100 为底盘的累计筛余百分率（即砂总量 100%）。式中，粒径大于 2.36mm 粗颗粒的分计筛余百分率 P_2 权为 5，权由粗到细依次减小，0.15~0.30mm 细颗粒的 P_6 权仅为 1，显然，M_x 越大，砂越粗。但工程用砂有"超径现象"，亦即砂中有少量粒径大于 5.00mm 的颗粒。因此，工程用砂 M_x 应修正。修正方法：将原始定义分子中的 A_2、A_3、A_4、A_5、A_6 各减去 4.75mm 筛的累计筛余百分率 A_1（它们都含有 A_1），即减去 $5A_1$；分母 100 也含有 A_1，需减去一个 A_1，工程用砂 $M_x=(A_2+A_3+A_4+A_5+A_6-5A_1)/(100-A_1)$。按 M_x 的大小，将砂分为粗砂、中砂、细砂、特细砂等。通过砂筛分析试验求得细度模数 M_x，就可以判定砂的粗细程度。

按各筛的累计筛余百分率，对照级配表（由堆积密度大、空隙率小、拌制的混凝土水泥用量少且和易性好等原则经试验按统计方法编制）来评定砂颗粒级配。

15.3　试验仪器
（1）天平：分度值不大于 0.1g。

（2）烘箱：可控制温度在（105±5）℃。

（3）试验筛：筛孔尺寸为 9.50mm、4.75mm、2.36mm、1.18mm、0.60mm、0.30mm、0.15mm（ISO B 系列）的方孔套筛。亦可采用 10mm、5mm、2.5mm、1.25mm、0.63mm、0.315mm、0.16mm（ISO C 系列）的套筛，以及底盘和盖。试验筛应符合《砂石料试验筛检验方法》（SL 126—2011）的规定。

（4）其他：摇筛机、金属托盘、毛刷等。

15.4　试验条件
实验室温度为（20±5）℃。

15.5　试验准备
检查实验室温度是否满足要求。

15.6　试验步骤
（1）用于颗粒级配试验的细骨料，颗粒粒径不应大于 10mm。取有代表性的自然状态的细骨料，充分拌匀后，用四分法缩分至每份不少于 550g 的试样两份，在（105±5）℃的烘箱中烘至恒量，冷却至室温备用。试样烘干后如有结团，应在试验前捏碎。

注：在本标准中，恒量是指在物料烘干时，间隔时间大于1h的2次称量结果之差不大于后一次称量结果的0.1%。

(2) 按筛孔尺寸由大到小顺序编号为$i=1\sim6$号筛，即最上的4.75mm筛为1号筛，最下的0.15mm筛为6号筛，将各筛和底盘紧密叠加。称出烘干后的细骨料试样质量（G_0，精确到0.1g），然后将全部烘干试样倒入最上的1号筛内，加盖后将整套筛安装在摇筛机上，开机摇10min。取下套筛，按筛孔大小顺序在洁净的金属托盘上逐个用手筛，筛至每分钟通过量不超过试样总量的0.1%时为止。通过的颗粒并入下一号筛中，并和下一号筛中的试样一起过筛。顺序进行，直至各号筛全部筛完为止。

(3) 当试样在某一筛上的筛余量超过200g时，应将该筛上试样分成两份，再进行筛分，并以两次筛余量之和作为该号筛的筛余量。

(4) 筛完后，将各筛上颗粒倒出，并用毛刷轻轻刷净，称出各号筛的筛余量（a_i，精确到0.1g）。

(5) 细骨料如为特细砂时，每份试样量可取250g烘干，筛分时在最小号筛以下增加一只0.08mm的方孔筛，并记录和计算0.08mm筛的筛余量和分计筛余百分率。

(6) 无摇筛机时，可直接用手筛。手筛时，将装有试样的整套筛放在试验台上，右手按着顶盖，左手扶住侧面，将套筛一侧抬起（倾斜度30°～35°），使筛底与台面成点接触，并按顺时针方向做滚动筛析3min，然后再逐个过筛至达到要求为止。

15.7 试验结果计算及分析

(1) 试验结果处理应按下列规定执行：

1) 各筛的分计筛余百分率按照式（15.1）计算：

$$P_i = a_i/G_0 \times 100\% \tag{15.1}$$

式中 P_i——i号筛的分计筛余百分率，$i=1\sim6$；

a_i——i号筛的筛余量，g；

G_0——烘干试样总量，g。

2) 各筛的累计筛余百分率按照式（15.2）计算（修约间隔0.1%）：

$$A_i = P_1 + \cdots + P_i \tag{15.2}$$

式中 A_i——i号筛的累计筛余百分率，$i=1\sim6$。

3) 细度模数按照式（15.3）计算：

$$M_x = (A_2+A_3+A_4+A_5+A_6-5A_1)/(100-A_1) \tag{15.3}$$

式中 M_x——细度模数；

$A_1\sim A_6$——各筛的累计筛余百分率，%。

(2) 细度模数结果判别：细度模数以两次测值的平均值作为试验结果（修约间隔0.1），填入表15.1中。当各筛筛余量和底盘中粉料质量的总和与试样原质量相差超过试样量的1%时，或两次测试的细度模数相差超过0.2时，应重做试验。

(3) 砂颗粒级配判别：取两次筛分析试验的各号筛累计筛余百分率的平均值来评定砂颗粒级配，填入表15.2中。标准规定，除特细砂外，根据0.60mm筛孔（控制孔径）的累计筛余百分率，分成3个级配区。特细砂多数为0.15mm以下颗粒，故无级配要求。对照级配表，若试验砂各筛的累计筛余百分率平均值均在任一区的规定范围内，或点绘筛分曲线，试验砂级配曲线落在任一区的级配曲线内，其颗粒级配合格。除 4.75mm 和 0.60mm 外，其他各号筛上的累计筛余允许略有超出，但超出总量不应大于 5%。

表 15.1　　　　　　　　砂筛分析试验（粗细程度评定）报告

砂种类						执行标准			
	筛孔尺寸/mm		4.75	2.36	1.18	0.60	0.30	0.15	底盘
第1次试验	分计筛余	a/g							
		P/%							
	累计筛余 A/%								
	细度模数		$M_{x1}=$						
第2次试验	分计筛余	a/g							
		P/%							
	累计筛余 A/%								
	细度模数		$M_{x2}=$						
两次试验累计筛余平均值/%									
$\|M_{x1}-M_{x2}\|=$			$(M_{x1}+M_{x2})\div 2=$			粗细程度：			
注　1. 各号筛和底盘中粉料质量的总和与原试样质量相差超过±1%，应重做试验。 　　2. 若两次试验细度模数之差的绝对值超过 0.2，应重做试验。									
试验结果分析：									

表 15.2　　　　　　　　砂筛分析试验（颗粒级配评定）报告

执行标准								
筛孔尺寸/mm		4.75	2.36	1.18	0.60	0.30	0.15	底盘
累计筛余 A/%	第1次试验							
	第2次试验							
累计筛余平均值/%								
砂颗粒级配评定		对照级配表或点绘筛分曲线，砂的级配：						
试验结果分析：								

15.8 评价反馈
15.8.1 学生自评
学生进行自我评价,并将结果填入表15.3中。

表15.3　　　　　　　　　　学 生 自 评 表

班级:		姓名:	学号:	
学习情景15		砂筛分析试验		
评价项目		评价标准	分值	得分
试验原理		能正确理解试验原理	15	
试验步骤		能熟练按规范或规程实操	45	
试验结果		能正确分析与处理试验数据	20	
试验现象		能分析试验现象产生的原因	20	

15.8.2 教师评价
教师对学生试验过程与试验结果进行评价,并将评价结果填入表15.4中。

表15.4　　　　　　　　　　教 师 综 合 评 价 表

班级:		姓名:	学号:	
学习情景15		砂筛分析试验		
评价项目		评价标准	分值	得分
考勤(10%)		无迟到、早退、旷课现象	10	
试验过程(50%)	仪器使用	能正确使用仪器设备	10	
	操作步骤	试验操作规范	10	
	试验态度	严谨、主动、肯干;工匠意识强	10	
	协调能力	与小组成员能紧密配合,协同工作	10	
	职业素质	能做到规范、安全、文明试验,初步具有工匠精神。能爱护设备、保持实验室整洁	10	
项目成果(40%)	工作规范	能查阅、理解、使用技术规范	10	
	试验完整	能按时、按质、按量完成试验任务	10	
	试验结果	能准确记录、分析、处理试验结果;能规范填写试验报告	20	
合　　计			100	
综合评价	自评30%	教师评价70%	合计	

项目三

粗骨料性能检测

学习情景 16　石子表观密度（视密度）试验

16.1　试验目的
测定石子一定体积（指其实体体积与内部封闭孔隙体积之和）内的质量，作为评定石子质量的依据，为混凝土配合比设计提供数据。

16.2　试验原理
根据阿基米德定律，浸入水中的物体受到的浮力（物体重量与其在水中重量之差）为其排开水的重量，即浮力等于物体排开水的体积乘以水的密度，而物体排开水的体积就是物体的体积，据此求得物体的体积。由于水能进入石子开口孔隙（即开口孔隙不能排开水的体积），按阿基米德定律测得的石子体积为石子实体体积与内部封闭孔隙体积之和（不包括开口孔隙体积）。因石子比较密实，开口孔隙少，所以直接以排开水的体积来代替石子的表观体积，并以此体积计算石子表观密度。又因石子内部封闭孔隙也少，排开水的体积与石子实体体积很近似，故又将该表观密度称为视密度。显然，该法得到的石子表观密度已满足混凝土配合比设计时按体积法计算砂、石的填充要求。

16.3　试验仪器
（1）烘箱：可控制温度在（105±5）℃。

（2）天平：量程不小于 10kg，分度值不大于 5g，其型号及尺寸应能允许在臂上悬挂盛试样的吊篮，并能将吊篮放在水中称量。

（3）吊篮：直径和高度均为 150mm，由孔径为 1~2mm 的筛网或钻有 2~3mm 孔洞的耐锈蚀金属板制成。

（4）试验筛：孔径为 4.75mm 的方孔筛。

（5）其他：温度计、盛水容器、金属托盘、毛巾等。

16.4　试验条件
实验室温度为（20±5）℃。

16.5　试验准备
检查实验室温度是否满足要求。

16.6 试验步骤

(1) 取适量有代表性的单粒级粗骨料，冲洗干净，按照表16.1中规定的质量称取两份试样，按下述步骤分别进行测试。

表16.1 粗骨料表现密度及吸水率试验取样质量表

骨料粒级/mm	5~20	20~40	40~80	80~150（120）
最少取样质量/kg	2	2	4	10

(2) 将试样装入盛水的容器中，水面至少高出试样50mm，浸泡24h。粒径大于80mm的骨料应适当延长浸泡时间。

(3) 将网篮全部浸入盛水筒中，称出网篮在水中的质量（G_1，精确到1g，下同）。再将浸泡后的试样装入网篮内，放入盛水筒中，用上下升降网篮的方法排除气泡（试样不得露出水面）。称出试样和网篮在水中的总质量（G_2），两者之差即为试样在水中的质量。两次称量时，水的温度相差不应大于2℃。

(4) 将试样从网篮中取出，用拧干后的湿毛巾吸干试样表面多余水至饱和面干状态（即粗骨料表面潮湿且亚光无亮色）。

(5) 将试样放入金属托盘，置于温度为（105±5）℃的烘箱中烘至恒量，冷却至室温后称出烘干试样的质量（G_4）。

16.7 试验结果计算及分析

(1) 石子表观密度按式（16.1）计算：

$$\rho_d = G_4/(G_4+G_1-G_2)\rho_w \qquad (16.1)$$

式中 ρ_d——干燥状态粗骨料表观密度，kg/m³；

ρ_w——水的密度，kg/m³；

G_1——网篮在水中的质量，g；

G_2——饱水试样和网篮在水中的总质量，g；

G_4——烘干试样质量，g。

(2) 结果判别。石子表观密度以两次测值的平均值作为试验结果（修约间隔为10kg/m³），填入表16.2中。当两次表观密度测值相差大于20kg/m³，应重做试验。

表16.2 石子表观密度（视密度）试验报告

石子种类			执行标准		
试验编号	网篮在水中的质量 G_1/g	饱水试样和网篮在水中的总质量 G_2/g	烘干石子质量 G_4/g	石子表观密度 ρ_d/(g/cm³)	石子表观密度平均值 /(g/cm³)
1					
2					
注 1. $\rho_d=G_4/(G_4+G_1-G_2)\times\rho_w$。 2. 若两次试验结果之差的绝对值大于0.02g/cm³，则试验应重做。					
试验结果分析：					

16.8 评价反馈
16.8.1 学生自评
学生进行自我评价,并将结果填入表 16.3 中。

表 16.3 学 生 自 评 表

班级:		姓名:	学号:	
学习情景 16		石子表观密度(视密度)试验		
评价项目		评 价 标 准	分值	得分
试验原理		能正确理解试验原理	15	
试验步骤		能熟练按规范或规程实操	45	
试验结果		能正确分析与处理试验数据	20	
试验现象		能分析试验现象产生的原因	20	

16.8.2 教师评价
教师对学生试验过程与试验结果进行评价,并将评价结果填入表 16.4 中。

表 16.4 教 师 综 合 评 价 表

班级:		姓名:	学号:	
学习情景 16		石子表观密度(视密度)试验		
评价项目		评 价 标 准	分值	得分
考勤(10%)		无迟到、早退、旷课现象	10	
试验过程(50%)	仪器使用	能正确使用仪器设备	10	
	操作步骤	试验操作规范	10	
	试验态度	严谨、主动、肯干;工匠意识强	10	
	协调能力	与小组成员能紧密配合,协同工作	10	
	职业素质	能做到规范、安全、文明试验,初步具有工匠精神。能爱护设备、保持实验室整洁	10	
项目成果(40%)	工作规范	能查阅、理解、使用技术规范	10	
	试验完整	能按时、按质、按量完成试验任务	10	
	试验结果	能准确记录、分析、处理试验结果;能规范填写试验报告	20	
合 计			100	
综合评价	自评 30%	教师评价 70%	合计	

学习情景17 石子含水率试验

17.1 试验目的
测定石子含水率,以准确计算混凝土中石子用量以及校正水用量。

17.2 试验原理
按石子含水率定义(石子所含水质量占干石子质量的百分率)试验。

17.3 试验仪器
(1) 烘箱:可控制温度在(105±5)℃。
(2) 天平:量程不小于10kg,分度值不大于1g。
(3) 其他:小铲、金属托盘、毛巾、刷子等。

17.4 试验条件
实验室温度为(20±5)℃。

17.5 试验准备
检查实验室温度是否满足要求。

17.6 试验步骤
(1) 按规定取样16kg,并将试样缩分至约4.0kg,拌匀后平均分成2份备用。
(2) 称取试样1份(m_{k1}),将试样倒入金属托盘中,放在烘箱中于(105±5)℃下烘干至恒重,待冷却至室温后,称出其质量(m_{k2})。

17.7 试验结果计算及分析
(1) 含水率应按式(17.1)计算,并精确至0.1%。

$$W_h = (m_{k1} - m_{k2})/m_{k2} \times 100\% \tag{17.1}$$

式中 W_h——含水率,%;
m_{k1}——烘干前试样的质量,g;
m_{k2}——烘干后试样的质量,g。

(2) 含水率应取两次试验结果的算术平均值并精确至0.1%,结果填入表17.1。

表17.1 石子含水率试验报告

石子种类			执行标准	
试验编号	烘干前试样质量 m_{k1}/g	烘干后试样质量 m_{k2}/g	石子含水率 W_h/%	石子含水率平均值 /%
1				
2				
试验结果分析:				

17.8 评价反馈
17.8.1 学生自评
学生进行自我评价,并将结果填入表17.2中。

表17.2 学 生 自 评 表

班级:		姓名:	学号:	
学习情景17	石子含水率试验			
评价项目	评价标准		分值	得分
试验原理	能正确理解试验原理		15	
试验步骤	能熟练按规范或规程实操		45	
试验结果	能正确分析与处理试验数据		20	
试验现象	能分析试验现象产生的原因		20	

17.8.2 教师评价
教师对学生试验过程与试验结果进行评价,并将评价结果填入表17.3中。

表17.3 教 师 综 合 评 价 表

班级:		姓名:	学号:	
学习情景17		石子含水率试验		
评价项目		评价标准	分值	得分
考勤(10%)		无迟到、早退、旷课现象	10	
试验过程(50%)	仪器使用	能正确使用仪器设备	10	
	操作步骤	试验操作规范	10	
	试验态度	严谨、主动、肯干;工匠意识强	10	
	协调能力	与小组成员能紧密配合,协同工作	10	
	职业素质	能做到规范、安全、文明试验,初步具有工匠精神。能爱护设备、保持实验室整洁	10	
项目成果(40%)	工作规范	能查阅、理解、使用技术规范	10	
	试验完整	能按时、按质、按量完成试验任务	10	
	试验结果	能准确记录、分析、处理试验结果;能规范填写试验报告	20	
合 计			100	
综合评价	自评30%	教师评价70%	合计	

学习情景18 石子松散堆积密度、松散空隙率试验

18.1 试验目的
测定石子在自然堆积状态下单位体积的质量、计算自然松散状态下石子的空隙率，以评定石子的质量及级配，为混凝土配合比设计提供资料，并用以估计运输工具的数量或存放堆场的面积等。

18.2 试验原理
按石子松散堆积密度、松散空隙率的定义进行测定与计算。是确定低塑性混凝土、塑性混凝土、流动性混凝土、大流动性等混凝土砂浆用量（用"砂浆富裕系数"表示）或砂率的重要依据。

18.3 试验仪器
（1）容量筒：容积10L、20L、30L、80L，内径与内深接近的钢制容器，尺寸要求见表18.1。应符合《容量筒校验方法》（SL 127—2017）的规定。

表18.1 容量筒的规格要求

	石子最大粒径/mm	20	40	80	150（120）
容量筒	容积/L	10	20	30	80
	内径/mm	234±1.5	294±2	337±2	467±2.5
	内深/mm	234±1.5	294±2	337±2	467±2.5
	壁厚/mm	≥2	≥3	≥4	≥5
	底厚/mm	≥5	≥5	≥6	≥6

（2）天平：分度值不大于0.01kg。
（3）烘箱：可控制温度在（105±5）℃。
（4）其他：平头铁铲、钢直尺或金属直杆等。

18.4 试验条件
实验室温度为（20±5）℃。

18.5 试验准备
检查实验室温度是否满足要求。

18.6 试验步骤
（1）预先按照表18.2的方法取样试验，并计算干燥状态粗骨料的表观密度（ρ_d）。

表18.2 粗骨料松散堆积密度、松散空隙率取样质量表

骨料粒级/mm	5～20	20～40	40～80	80～150（120）
最少取样质量/kg	2	2	4	10

（2）根据粗骨料最大粒径，按照表18.1的规定选用相应容积的容量筒，称出空

容量筒质量（G_1，小于10kg精确到0.01kg，不小于10kg精确到0.1kg，下同），并按照《容量筒校验方法》（SL 127—2017）校准实际容积（V，修约间隔0.01L）。

（3）根据容量筒容积及适当的富余量估算试样质量，对级配骨料，需根据级配比例估算各粒级骨料的质量。按照估算质量取有代表性的风干粗骨料，堆放在干燥洁净的平面上，用铁铲将试样翻拌均匀。

（4）松散堆积密度的测定。用平头铁铲将试样从离容量筒口50mm高处自由落入筒中，直至试样高出筒口。用钢直尺或金属直杆沿筒口边缘刮去高出筒口的颗粒，用适当的颗粒填平凹处，使表面稍凸起部分和凹陷部分的体积大致相等，称出容量筒和试样的总质量（G_2）。

（5）将试样倒出，与剩余试样一起翻拌均匀，按上述步骤再测一次松散堆积密度。

18.7 试验结果计算及分析

（1）粗骨料的松散堆积密度按式（18.1）计算：

$$\rho_1 = (G_2 - G_1)/V \times 1000 \tag{18.1}$$

式中　ρ_1——松散堆积密度，kg/m^3；
　　　G_1——容量筒质量，kg。
　　　G_2——容量筒及松散试样总质量，kg；
　　　V——容量筒的容积，L。

（2）粗骨料的松散堆积空隙率应按式（18.2）计算：

$$P_1 = (1 - \rho_1/\rho_d) \times 100\% \tag{18.2}$$

式中　P_1——松散堆积空隙率，%；
　　　ρ_d——试样表观密度，kg/m^3。

（3）结果判别。堆积密度、堆积空隙率以两次测值的平均值作为试验结果（修约间隔分别为10kg/m^3、1%），分别填入表18.3和表18.4中。当松散堆积密度两次测值相差超过20kg/m^3时，应重做试验。

表18.3　　　　　　　石子松散堆积密度试验报告

执行标准					
试验编号	容量筒重 G_1/kg	容量筒、松散石子共重 G_2/kg	容量筒的容积 V/L	石子松散堆积密度 ρ_1/(kg/m^3)	石子松散堆积密度平均值/(kg/m^3)
1					
2					
注　$\rho_1 = (G_2 - G_1)/V \times 1000$					
试验结果分析：					

表 18.4　　　　　　　　　　石子松散堆积空隙率试验报告

执行标准				
试验编号	石子表观密度 $\rho_d/(kg/m^3)$	石子松散堆积密度 $\rho_1/(kg/m^3)$	石子松散堆积空隙率 $P_1/\%$	松散堆积空隙率平均值/%
1				
2				
注　$P_1=(1-\rho_1/\rho_d)\times 100\%$				
试验结果分析:				

18.8　评价反馈

18.8.1　学生自评

学生进行自我评价，并将结果填入表18.5中。

表 18.5　　　　　　　　　　学 生 自 评 表

班级：	姓名：	学号：
学习情景18	石子松散堆积密度、松散堆积空隙率试验	
评价项目	评 价 标 准	分值	得分

评价项目	评 价 标 准	分值	得分
试验原理	能正确理解试验原理	15	
试验步骤	能熟练按规范或规程实操	45	
试验结果	能正确分析与处理试验数据	20	
试验现象	能分析试验现象产生的原因	20	

18.8.2　教师评价

教师对学生试验过程与试验结果进行评价，并将评价结果填入表18.6中。

表 18.6　　　　　　　　　　教 师 综 合 评 价 表

班级：		姓名：	学号：	
学习情景18		石子松散堆积密度、松散堆积空隙率试验		
评价项目		评 价 标 准	分值	得分
考勤（10%）		无迟到、早退、旷课现象	10	
试验过程（50%）	仪器使用	能正确使用仪器设备	10	
	操作步骤	试验操作规范	10	
	试验态度	严谨、主动、肯干；工匠意识强	10	
	协调能力	与小组成员能紧密配合，协同工作	10	
	职业素质	能做到规范、安全、文明试验，初步具有工匠精神。能爱护设备、保持实验室整洁	10	

续表

项目成果（40%）	工作规范	能查阅、理解、使用技术规范	10	
	试验完整	能按时、按质、按量完成试验任务	10	
	试验结果	能准确记录、分析、处理试验结果；能规范填写试验报告	20	
合　计			100	

综合评价	自评30%	教师评价70%	合计

学习情景19　石子紧密堆积密度、紧密空隙率试验

19.1　试验目的

测定石子在振实状态下单位体积的质量、计算振实状态下石子空隙率。为通过振动碾压密实的干硬性混凝土（如碾压混凝土等）配合比设计提供资料。

19.2　试验原理

石子在振动作用下，石子颗粒获得动能处于高能状态，高能状态的颗粒有不断尽量转向最低能状态的趋势，使得石子颗粒发生位移、翻转而重新排列。重新排列的结果，迫使整个体系因石子颗粒相互填充与嵌固而能量最低，其表现形式为：石子堆积密度最大、空隙率最小。石子紧密堆积密度（或紧密空隙率）是确定通过振动碾压密实的干硬性混凝土（如碾压混凝土）砂浆用量（用"砂浆富裕系数"表示）的重要依据。

19.3　试验仪器

（1）容量筒：容积10L、20L、30L、80L，内径与内深接近的钢制容器，尺寸要求见表19.1。应符合《容量筒校验方法》（SL 127—2017）的规定。

表19.1　容量筒的规格要求

石子最大粒径/mm		20	40	80	150（120）
容量筒	容积/L	10	20	30	80
	内径/mm	234±1.5	294±2	337±2	467±2.5
	内深/mm	234±1.5	294±2	337±2	467±2.5
	壁厚/mm	≥2	≥3	≥4	≥5
	底厚/mm	≥5	≥5	≥6	≥6

（2）天平：分度值不大于0.01kg。
（3）烘箱：可控制温度在（105±5）℃。
（4）垫棒：直径为25mm，长600mm的圆钢。
（5）其他：平头铁铲、钢直尺或下料漏斗等。

19.4　试验条件

实验室温度为（20±5）℃。

19.5　试验准备

检查实验室温度是否满足要求。

19.6　试验步骤

（1）预先按照表19.2的方法取样试验，并计算干燥状态粗骨料的表观密度（ρ_d）。

表19.2　粗骨料松散堆积密度、松散空隙率取样质量表

骨料粒级/mm	5～20	20～40	40～80	80～150（120）
最少取样质量/kg	2	2	4	10

(2) 根据粗骨料最大粒径，按照表19.1的规定选用相应容积的容量筒，称出空容量筒质量（G_1，小于10kg精确到0.01kg，不小于10kg精确到0.1kg，下同），并按照《容量筒校验方法》（SL 127—2017）校准实际容积（V，修约间隔0.01L）。

(3) 根据容量筒容积及适当的富裕量估算试样质量，对级配骨料，需根据级配比例估算各粒级骨料的质量。按照估算质量取有代表性的风干粗骨料，堆放在干燥洁净的平面上，用铁铲将试样翻拌均匀。

(4) 紧密堆积密度的测定。将测完松散堆积密度的装满试样的容量筒放在振动台上，振动2~3min。不具备振实条件时亦可采用人工颠实的方法，将容量筒置于坚实的平地上，在筒底垫放一根直径为25mm的钢筋，将试样分三层在距容量筒上口50mm高处装入筒中，每装完一层后，将筒按住，左右交替颠击地面各25次。

(5) 在试样密实后，补充试样直至超出筒口，用钢直尺或金属直杆沿筒口边缘刮去高出筒口的颗粒，用适当的颗粒填平凹处，使表面稍凸起部分和凹陷部分的体积大致相等，称出试样和容量筒总质量（G_3）。

(6) 将试样倒出，与剩余试样一起翻拌均匀，按上述步骤再测一次紧密堆积密度。

19.7 试验结果计算及分析

(1) 粗骨料的紧密堆积密度按式（19.1）计算：

$$\rho_2 = (G_3 - G_1)/V \times 1000 \tag{19.1}$$

式中 ρ_2——紧密堆积密度，kg/m^3；

G_1——容量筒质量，kg。

G_3——容量筒及紧密试样总质量，kg；

V——容量筒的容积，L。

(2) 粗骨料的紧密堆积空隙率应按式（19.2）计算：

$$P_2 = (1 - \rho_2/\rho_d) \times 100\% \tag{19.2}$$

式中 P_2——紧密堆积空隙率，%；

ρ_d——试样表观密度，kg/m^3。

(3) 结果判别。紧密堆积密度、紧密堆积空隙率以两次测值的平均值作为试验结果（修约间隔分别为10kg/m^3、1%），填入表19.3和表19.4中。当紧密堆积密度两次测值相差超过20kg/m^3时，应重做试验。

表19.3　　　　　石子紧密堆积密度试验报告

执行标准					
试验编号	容量筒重 G_1/kg	容量筒、紧密石子共重 G_3/kg	容量筒的容积 V/L	石子紧密堆积密度 ρ_2/(kg/m^3)	石子紧密堆积密度平均值/(kg/m^3)
1					
2					
注　$\rho_2=(G_3-G_1)/V\times 1000$					
试验结果分析：					

表 19.4　　　　　　　　　　石子紧密堆积空隙率试验报告

执行标准				
试验编号	石子表观密度 ρ_d/(kg/m³)	石子紧密堆积密度 ρ_2/(kg/m³)	石子紧密堆积空隙率 P_2/%	紧密堆积空隙率平均值/%
1				
2				
注　$P_2=(1-\rho_2/\rho_d)\times 100\%$				
试验结果分析：				

19.8　评价反馈

19.8.1　学生自评

学生进行自我评价，并将结果填入表 19.5 中。

表 19.5　　　　　　　　　　学 生 自 评 表

班级：	姓名：		学号：
学习情景 19	石子紧密堆积密度、紧密堆积空隙率试验		
评价项目	评价标准	分值	得分
试验原理	能正确理解试验原理	15	
试验步骤	能熟练按规范或规程实操	45	
试验结果	能正确分析与处理试验数据	20	
试验现象	能分析试验现象产生的原因	20	

19.8.2　教师评价

教师对学生试验过程与试验结果进行评价，并将评价结果填入表 19.6 中。

表 19.6　　　　　　　　　　教 师 综 合 评 价 表

班级：		姓名：		学号：
学习情景 19		石子紧密堆积密度、紧密堆积空隙率试验		
评价项目		评价标准	分值	得分
考勤（10%）		无迟到、早退、旷课现象	10	
试验过程（50%）	仪器使用	能正确使用仪器设备	10	
	操作步骤	试验操作规范	10	
	试验态度	严谨、主动、肯干；工匠意识强	10	
	协调能力	与小组成员能紧密配合，协同工作	10	
	职业素质	能做到规范、安全、文明试验，初步具有工匠精神。能爱护设备、保持实验室整洁	10	

续表

项目成果(40%)	工作规范	能查阅、理解、使用技术规范	10	
	试验完整	能按时、按质、按量完成试验任务	10	
	试验结果	能准确记录、分析、处理试验结果；能规范填写试验报告	20	
合　计			100	
综合评价	自评30%		教师评价70%	合计

学习情景 20　石子含泥量（石粉含量）试验

20.1　试验目的
测定天然粗骨料中含泥量，或测定人工粗骨料中的石粉含量，以评定石子质量。

20.2　试验原理
通过水浸、淘洗等方法使黏土、淤泥（小于 0.08mm 的颗粒）、石粉（小于 0.16mm 的颗粒）与石子分离并溶解或悬浮、分散于水中，再用孔径为 0.08mm（或 0.16mm）筛滤除。

20.3　试验仪器
（1）天平：分度值不大于 1g。
（2）秤：分度值不大于 0.01kg 及分度值不大于 0.1kg。
（3）烘箱：可控制温度在（105±5）℃。
（4）试验筛：筛孔尺寸为 0.08mm、0.16mm、1.25mm 的方孔套筛。
（5）辅助器具：铁铲、容器、金属托盘、毛刷等。

20.4　试验条件
实验室温度为（20±5）℃。

20.5　试验准备
检查实验室温度是否满足要求。

20.6　试验步骤
（1）取适量有代表性单粒级粗骨料，在（105±5）℃的烘箱中烘至恒量，冷却至室温后，按照表 20.1 规定的质量称取试样两份（G_0，小于 1kg 精确到 1g，1～10kg 精确到 0.01kg，大于 10kg 精确到 0.1kg），按下述步骤分别进行测试。

表 20.1　粗骨料含泥量（石粉含量）试验取样质量表

粒级代号 i	a	b	c	d
骨料粒级/mm	5～20	20～40	40～80	80～150（120）
最少取样质量/kg	5	10	20	40

（2）将试样装入容器并注入清水，用铁铲在水中翻拌淘洗，使小于 0.08mm 的颗粒与较粗颗粒分离，然后将浑水慢慢倒入 1.25mm 及 0.08mm 的套筛中（按筛孔上大下小套放），滤去小于 0.08mm 的颗粒。1.25mm 筛上的颗粒及时倒回容器中。加水反复淘洗，直至盆中的水清为止。在试验过程中，注意勿将水溅出，避免大于 0.08mm 的颗粒丢失。检测石粉含量时用 0.16mm 的筛替换 0.08mm 的筛。

（3）用水冲洗干净 0.08mm（或 0.16mm）筛上的颗粒，然后将其和容器中的试样一并装入金属托盘中，在（105±5）℃的烘箱中烘至恒量，待冷却至室温后，称出试样质量（G_1）。

20.7 试验结果计算及分析

(1) 粗骨料中含泥量（或石粉含量）按照式（20.1）计算：

$$Q_{p-i} = (G_0 - G_1)/G_0 \times 100\% \tag{20.1}$$

式中 Q_{p-i} —— i 粒级粗骨料含泥量（或石粉含量），%；

G_0 —— 试验前烘干的试样质量，kg；

G_1 —— 试验后烘干的试样质量，kg。

(2) 以两次测值的平均值作为试验结果（修约间隔 0.1%），填入表 20.2 中。当两次测值相差大于 0.2% 时，应重做试验。

表 20.2 石子含泥量（石粉含量）试验报告

石子种类				执行标准		
一、单粒级粗骨料含泥量（石粉含量）测定						
粒级/mm	试验编号	试验前烘干石子质量 G_0/g	洗除小于 0.08mm（或 0.16mm）颗粒后石子烘干质量 G_1/g	i 粒级粗骨料含泥量（或石粉含量）Q_{p-i}/%	i 粒级粗骨料含泥量（或石粉含量）平均值/%
5~20	1				
	2				
20~40	1				
	2				
40~80	1				
	2				
80~150 (120)	1				
	2				
二、级配粗骨料中总含泥量（或总石粉含量）计算						
粒级代号 i		a	b	c	d
骨料粒级/mm		5~20	20~40	40~80	80~150 (120)
在粗骨料中的配合比例/%					
含泥量（或石粉含量）/%					
总含泥量（或总石粉含量）/%					
试验结果分析：						

(3) 级配粗骨料中总含泥量（或总石粉含量）可按照式（20.2）计算（修约间隔 1%）：

$$Q_p = \sum R_i Q_{p-i} \tag{20.2}$$

式中 Q_p —— 粗骨料总含泥量（或总石粉含量），%；

R_i —— i 粒级试样在粗骨料中的配合比例，%。

20.8 评价反馈

20.8.1 学生自评

学生进行自我评价，并将结果填入表20.3中。

表20.3　　　　　　　　　　　　学 生 自 评 表

班级：	姓名：	学号：	
学习情景20	石子含泥量（石粉含量）试验		
评价项目	评价标准	分值	得分
试验原理	能正确理解试验原理	15	
试验步骤	能熟练按规范或规程实操	45	
试验结果	能正确分析与处理试验数据	20	
试验现象	能分析试验现象产生的原因	20	

20.8.2 教师评价

教师对学生试验过程与试验结果进行评价，并将评价结果填入表20.4中。

表20.4　　　　　　　　　　教 师 综 合 评 价 表

班级：		姓名：	学号：	
学习情景20		石子含泥量（石粉含量）试验		
评价项目		评价标准	分值	得分
考勤（10%）		无迟到、早退、旷课现象	10	
试验过程（50%）	仪器使用	能正确使用仪器设备	10	
	操作步骤	试验操作规范	10	
	试验态度	严谨、主动、肯干；工匠意识强	10	
	协调能力	与小组成员能紧密配合，协同工作	10	
	职业素质	能做到规范、安全、文明试验，初步具有工匠精神。能爱护设备、保持实验室整洁	10	
项目成果（40%）	工作规范	能查阅、理解、使用技术规范	10	
	试验完整	能按时、按质、按量完成试验任务	10	
	试验结果	能准确记录、分析、处理试验结果；能规范填写试验报告	20	
合　　计			100	
综合评价	自评30%	教师评价70%	合计	

学习情景 21 石子泥块含量试验

21.1 试验目的
测定粗骨料中泥块含量,以评定石子质量。

21.2 试验原理
按石子泥块的定义进行试验,即测定经水浸、手碾压石子中小于 2.5mm 颗粒含量。

21.3 试验仪器
(1) 天平:分度值不大于 1g。
(2) 秤:分度值不大于 0.01kg 及分度值不大于 0.1kg。
(3) 烘箱:可控制温度在 (105±5)℃。
(4) 试验筛:筛孔尺寸为 5mm、2.5mm 的方孔筛。
(5) 其他:铁铲、容器、金属托盘、毛刷等。

21.4 试验条件
实验室温度为 (20±5)℃。

21.5 试验准备
检查实验室温度是否满足要求。

21.6 试验步骤
(1) 取适量有代表性的单粒级粗骨料,在 (105±5)℃ 的烘箱中烘至恒量,冷却至室温后,筛除小于 5mm 的颗粒,再按照表 21.1 规定的质量称出试样两份(G_0,小于 1kg 精确到 1g,1~10kg 精确到 0.01kg,不小于 10kg 精确到 0.1kg,下同),按下述步骤分别进行测试。

表 21.1   粗骨料泥块含量试验取样质量表

粒级代号 i	a	b	c	d
骨料粒级/mm	5~20	20~40	40~80	80~150 (120)
最少取样质量/kg	5	10	20	40

(2) 将试样装入容器并注入清水,水面至少高出试样 50mm,用铁铲在水中翻拌淘洗,然后浸泡 24h。
(3) 用手在水中将泥块碾碎,再将骨料分批放在 2.5mm 筛上用水冲洗干净。在试验过程中应避免骨料颗粒丢失。
(4) 将冲洗干净的试样装入金属托盘中,在 (105±5)℃ 的烘箱中烘至恒量,待冷却至室温后,称出试样质量 (G_1)。

21.7 试验结果计算及分析
(1) 粗骨料中泥块含量按照式 (21.1) 计算:

$$Q_{c-i} = (G_0 - G_1)/G_0 \times 100\% \tag{21.1}$$

式中　Q_{c-i}——i 粒级粗骨料泥块含量，%；
　　　G_0——试验前试样质量，kg；
　　　G_1——剔除泥块后的试样质量，kg。

（2）以两次测值的平均值作为试验结果（修约间隔1%），填入表21.2中。

表 21.2　　　　　　　　石子泥块含量试验报告

石子种类				执行标准	
一、单粒级粗骨料泥块含量测定					
粒级/mm	试验编号	试验前烘干石子质量 G_0/g	剔除泥块后的试样质量 G_1/g	i 粒级粗骨料泥块含量 Q_{c-i}/%	i 粒级粗骨料泥块含量平均值/%
5~20	1				
	2				
20~40	1				
	2				
40~80	1				
	2				
80~150 (120)	1				
	2				
二、级配粗骨料中总泥块含量计算					
粒级代号 i		a	b	c	d
粗骨料粒级/mm		5~20	20~40	40~80	80~150 (120)
配合比例/%					
泥块含量/%					
粗骨料总泥块含量/%					
试验结果分析：					

（3）级配粗骨料中总泥块含量可按照式（21.2）计算（修约间隔1%）：

$$Q_c = \sum R_i Q_{c-i} \tag{21.2}$$

式中　Q_c——粗骨料总泥块量，%；
　　　R_i——i 粒级试样在粗骨料中的配合比例，%。

21.8　评价反馈

21.8.1　学生自评

学生进行自我评价，并将结果填入表21.3中。

表 21.3 　　　　　　　　　　学 生 自 评 表

班级：	姓名：	学号：	
学习情景 21	石子泥块含量试验		
评价项目	评价标准	分值	得分
试验原理	能正确理解试验原理	15	
试验步骤	能熟练按规范或规程实操	45	
试验结果	能正确分析与处理试验数据	20	
试验现象	能分析试验现象产生的原因	20	

21.8.2　教师评价

教师对学生试验过程与试验结果进行评价，并将评价结果填入表 21.4 中。

表 21.4 　　　　　　　　　　教 师 综 合 评 价 表

班级：		姓名：	学号：	
学习情景 21		石子泥块含量试验		
评价项目		评价标准	分值	得分
考勤（10%）		无迟到、早退、旷课现象	10	
试验过程（50%）	仪器使用	能正确使用仪器设备	10	
	操作步骤	试验操作规范	10	
	试验态度	严谨、主动、肯干；工匠意识强	10	
	协调能力	与小组成员能紧密配合，协同工作	10	
	职业素质	能做到规范、安全、文明试验，初步具有工匠精神。能爱护设备、保持实验室整洁	10	
项目成果（40%）	工作规范	能查阅、理解、使用技术规范	10	
	试验完整	能按时、按质、按量完成试验任务	10	
	试验结果	能准确记录、分析、处理试验结果；能规范填写试验报告	20	
合　计			100	
综合评价	自评 30%	教师评价 70%	合计	

学习情景 22　石子筛分析（颗粒级配）试验

22.1　试验目的
测定石子颗粒级配，评定石子质量。

22.2　试验原理
根据各筛的累计筛余百分率，对照级配表（由堆积密度大、空隙率小、拌制的混凝土水泥用量少且和易性好等原则经试验按统计方法编制）以评定石子颗粒级配。

22.3　试验仪器
(1) 烘箱：温度控制在（105±5）℃。
(2) 天平：分度值不大于最少试样质量的0.1%。
(3) 孔径为 2.36mm、4.75mm、9.50mm、16.0mm、19.0mm、26.5mm、31.5mm、37.5mm、53.0mm、63.0mm、75.0mm 及 90mm 的方孔筛，并附有筛底和筛盖，筛框内径为300mm。
(4) 摇筛机。
(5) 金属托盘。

22.4　试验条件
实验室温度为（20±5）℃。

22.5　试验准备
检查实验室温度是否满足要求。

22.6　试验步骤
(1) 按表22.1规定取样，并将试样缩分至不小于表22.2规定的质量，烘干或风干后备用。

表 22.1　　　　　　　　单项试验取样质量

最大粒径/mm	9.5	16.0	19.0	26.5	31.5	37.5	63.0	≥75.0
最少取样质量/kg	9.5	16.0	19.0	25.0	31.5	37.5	63.0	80.0

表 22.2　　　　　　　颗粒级配试验所需最少试样质量

最大粒径/mm	9.5	16.0	19.0	26.5	31.5	37.5	63.0	≥75.0
最少取样质量/kg	1.9	3.2	3.8	5.0	6.3	7.5	12.6	16.0

(2) 按表22.2的规定称取试样。将试样倒入按孔径大小从上到下组合的套筛（附筛底）上，然后进行筛分。
(3) 将套筛置于摇筛机上，摇筛10min；取下套筛，按筛孔大小顺序再逐个用手筛，筛至每分钟通过量小于试样总量的0.1%为止。通过的颗粒并入下一号筛中，并和下一号筛中的试样一起过筛，这样顺序进行，直至各号筛全部筛完为止。当筛余颗粒的粒径大于19.0mm时，在筛分过程中，允许用手指拨动颗粒。
(4) 称出各号筛的筛余量。

22.7 试验结果计算及分析

（1）计算分计筛余百分率：各号筛的筛余量与试样总质量之比，应精确至0.1%。

（2）计算累计筛余百分率：该号筛及以上各筛的分计筛余百分率之和，应精确至1%。筛分后，如每号筛的筛余量及筛底的筛余量之和与筛分前试样质量之差超过1%时，应重新试验。

（3）根据各号筛的累计筛余百分率对照表22.3评定该试样的颗粒级配。

石子公称粒径、石子筛筛孔公称直径和方孔筛筛孔边长见表22.4。试验结果填入表22.5。

表 22.3　　　　　　　石 子 颗 粒 级 配 表

公称粒级 /mm		累计筛余百分率/%									
		方孔筛孔径/mm									
		2.36	4.75	9.50	16.0	19.0	26.5	31.5	37.5	53.0	63.0	75.0	90.0
连续粒级	5～16	95～100	85～100	30～60	0～10	0	—	—	—	—	—	—	—
	5～20	95～100	90～100	40～80	—	0～10	0	—	—	—	—	—	—
	5～25	95～100	90～100	—	30～70	—	0～5	0	—	—	—	—	—
	5～31.5	95～100	90～100	70～90	—	15～45	—	0～5	0	—	—	—	—
	5～40	—	95～100	70～90	—	30～65	—	—	0～5	0	—	—	—
单粒粒级	5～10	95～100	80～100	0～15	0	—	—	—	—	—	—	—	—
	10～16	—	95～100	80～100	0～15	0	—	—	—	—	—	—	—
	10～20	—	95～100	85～100	—	0～15	0	—	—	—	—	—	—
	16～25	—	—	95～100	55～70	25～40	0～10	0	—	—	—	—	—
	16～31.5	—	95～100	—	85～100	—	—	0～10	0	—	—	—	—
	20～40	—	—	95～100	—	80～100	—	—	0～10	0	—	—	—
	25～31.5	—	—	—	95～100	—	80～100	0～10	0	—	—	—	—
	40～80	—	—	—	—	95～100	—	—	70～100	—	30～60	0～10	0

表 22.4　　石子公称粒径、石子筛筛孔公称直径和方孔筛筛孔边长

石子公称粒径/mm	2.50	5.00	10.0	16.0	20.0	25.0	31.5	40.0	50.0	63.0	80.0	100
石子筛筛孔公称直径/mm	2.50	5.00	10.0	16.0	20.0	25.0	31.5	40.0	50.0	63.0	80.0	100
方孔筛筛孔边长/mm	2.36	4.75	9.5	16.0	19.0	26.5	31.5	37.5	53.0	63.0	75.0	90

表 22.5　　　　　石子筛分析（颗粒级配）试验报告

石子种类						执行标准					
筛孔尺寸/mm		90.0	75.0	63.0	53.0	37.5	31.5	26.5	19.0	16.0	9.50	4.75	2.36
分计筛余	m/g												
	P_i/%												
累计筛余 A_i/%													
石子级配评定													
试验结果分析:													

22.8 评价反馈

22.8.1 学生自评

学生进行自我评价,并将结果填入表22.6中。

表 22.6　　　　　　　　　　学　生　自　评　表

班级:		姓名:	学号:	
学习情景22		石子筛分析(颗粒级配)试验		
评价项目		评 价 标 准	分值	得分
试验原理		能正确理解试验原理	15	
试验步骤		能熟练按规范或规程实操	45	
试验结果		能正确分析与处理试验数据	20	
试验现象		能分析试验现象产生的原因	20	

22.8.2 教师评价

教师对学生试验过程与试验结果进行评价,并将评价结果填入表22.7中。

表 22.7　　　　　　　　　　教 师 综 合 评 价 表

班级:			姓名:	学号:	
学习情景22			石子筛分析(颗粒级配)试验		
评价项目			评 价 标 准	分值	得分
考勤(10%)			无迟到、早退、旷课现象	10	
试验过程 (50%)		仪器使用	能正确使用仪器设备	10	
		操作步骤	试验操作规范	10	
		试验态度	严谨、主动、肯干;工匠意识强	10	
		协调能力	与小组成员能紧密配合,协同工作	10	
		职业素质	能做到规范、安全、文明试验,初步具有工匠精神。能爱护设备、保持实验室整洁	10	
项目成果 (40%)		工作规范	能查阅、理解、使用技术规范	10	
		试验完整	能按时、按质、按量完成试验任务	10	
		试验结果	能准确记录、分析、处理试验结果;能规范填写试验报告	20	
		合　　计		100	
综合评价		自评30%	教师评价70%	合计	

学习情景 23 石子针状和片状颗粒含量试验

23.1 试验目的

测定粗骨料中针状及片状颗粒的含量,以评定石子质量。

23.2 试验原理

针状颗粒:凡长度大于所属粒级平均粒径 2.4 倍的颗粒(表 23.1);片状颗粒:凡厚度小于所属粒级平均粒径 0.4 倍的颗粒(表 23.1)。按针、片状颗粒的定义制造针状规准仪[图 23.1(a)]与片状规准仪[图 23.1(c)]。试验时,先将石子筛分分级(表 23.1),然后用针状规准仪、片状规准仪对每级石子进行挑选。每级石子中长度大于针状规准仪相应间距的颗粒为针状颗粒,厚度小于片状规准仪相应孔宽的颗粒为片状颗粒。粒级大于 40mm 的石子,直接用卡尺进行挑选(表 23.2)。石子中的针、片状颗粒的总量占石子量的百分率即为针状和片状颗粒含量。

表 23.1　粗骨料(粒径不大于 40mm)的细分粒级及相应的规准仪间距或孔宽

细分粒级代号 i	a1	a2	a3	b1	b2	b3
细分粒级/mm	5~10	10~16	16~20	20~25	25~31.5	31.5~40
针状规准仪相应间距/mm	18.0	32.2	43.2	54.0	67.8	85.8
片状规准仪相应孔宽/mm	3.0	5.2	7.2	9.0	11.3	14.3

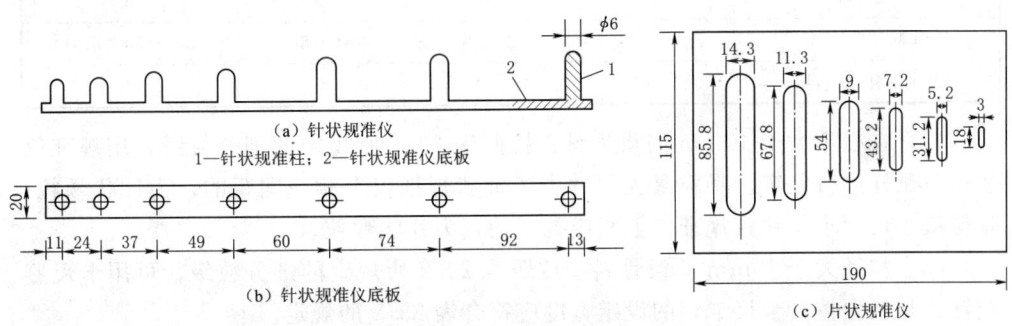

图 23.1　针状规准仪与片状规准仪(单位:mm)

表 23.2　粗骨料(粒径大于 40mm)的细分粒级及相应的卡尺卡口的设定宽度

细分粒级代号 i	c1	c2	d
细分粒级/mm	40~63	63~80	80~150 或 120
鉴定针状颗粒的卡尺卡口宽度/mm	123.6	171.6	276.0 或 240.0
鉴定片状颗粒的卡尺卡口宽度/mm	20.6	28.6	46.0 或 40.0

23.3 试验仪器

(1)天平:分度值不大于 1g。
(2)秤:分度值不大于 0.01kg 及分度值不大于 0.1kg。

(3) 试验筛：筛孔尺寸为 150（120）mm、80mm、63mm、40mm、31.5mm、25mm、20mm、16mm、10mm、5mm 的方孔筛。

(4) 针状规准仪和片状规准仪如图 23.1 所示。针状规准仪基板应平直无弯曲锈蚀，规准柱固定牢固无松动，无明显倾斜和磨损。片状规准仪规准板应平直无弯曲锈蚀，规准孔均匀分布在规准板上，孔壁平直光滑，两端为圆弧形，其圆弧直径分别为各孔宽度。用 ISO B 系列筛生产的粗骨料，宜使用其规定的针状规准仪、片状规准仪以及卡尺卡口宽度规定值进行试验。

(5) 卡尺：分度值不大于 0.1mm。

(6) 其他：铁铲、金属托盘、料斗。

23.4 试验条件

实验室温度为（20±5）℃。

23.5 试验准备

检查实验室温度是否满足要求。

23.6 试验步骤

(1) 取有代表性的适量风干单粒级粗骨料，按照表 23.3 规定的质量称取试样（G_0，小于 1kg 精确到 1g，1~10kg 精确到 0.01kg，不小于 10kg 精确到 0.1kg，下同），再按照表 23.1 和表 23.2 给出的细分粒级尺寸再次筛分，然后按下述步骤分别进行测试。

表 23.3　　　　粗骨料针状和片状颗粒含量试验取样质量表

粒级代号 i	a	b	c	d
骨料粒级/mm	5~20	20~40	40~80	80~150（120）
最少取样质量/kg	5	10	20	40

(2) 粒径不大于 40mm 的粗骨料，按照表 23.1 所规定的细分粒级，用规准仪逐粒对试样进行鉴定。颗粒最大尺寸大于针状规准仪上相应间距的，为针状颗粒；颗粒最小尺寸小于片状规准仪上相应孔宽的，为片状颗粒。

(3) 粒径大于 40mm 的粗骨料，按照表 23.2 所规定的细分粒级，可用卡尺鉴定针、片状颗粒，卡尺卡口的设定宽度应符合表 23.2 的规定。

(4) 按照表 23.3 的粗骨料粒级，汇总各细分粒级挑出的针状颗粒和片状颗粒，称出其总质量（G_1）。

23.7 试验结果计算及分析

试验结果填入表 23.4。

(1) 试样中针、片状颗粒含量按照式（23.1）计算（修约间隔 0.1%）：

$$Q_{np-i} = G_1/G_0 \times 100\% \tag{23.1}$$

式中　Q_{np-i}——i 粒级试样中针、片状颗粒含量；

　　　G_1——试样中针状颗粒和片状颗粒总质量，g；

　　　G_0——试样质量，g。

(2) 级配粗骨料中针、片状颗粒总含量可参考式（23.2）计算（修约间隔 1%）。

$$Q_{np} = \sum R_i Q_{np-i} \tag{23.2}$$

式中 Q_{np}——粗骨料针、片状颗粒总含量，%；

R_i——i 粒级试样在粗骨料中的配合比例，%。

表 23.4 石子针状和片状颗粒含量试验报告

石子种类		执行标准	
一、各粒级试样中针、片状颗粒含量测定			
试样粒级 /mm	试样质量 G_0 /g	针、片状颗粒总质量 G_1/g	i 粒级试样中针、片状颗粒含量 Q_{np-i}/%
5～20			
20～40			
40～80			
80～150（120）			
二、级配粗骨料中针、片状颗粒总含量计算			
粒级代号	a	b	c	d
粗骨料粒级/mm	5～20	20～40	40～80	80～150（120）
配合比例/%				
针、片状颗粒含量/%				
粗骨料针、片状颗粒总含量/%				
试验结果分析：				

23.8 评价反馈

23.8.1 学生自评

学生进行自我评价，并将结果填入表 23.5 中。

表 23.5 学 生 自 评 表

班级：		姓名：	学号：
学习情景 23	石子针状和片状颗粒含量试验		
评价项目	评价标准	分值	得分
试验原理	能正确理解试验原理	15	
试验步骤	能熟练按规范或规程实操	45	
试验结果	能正确分析与处理试验数据	20	
试验现象	能分析试验现象产生的原因	20	

23.8.2 教师评价

教师对学生试验过程与试验结果进行评价，并将评价结果填入表 23.6 中。

表 23.6　　　　　　　　　　　　　教师综合评价表

班级：		姓名：	学号：	
学习情景 23		石子针状和片状颗粒含量试验		
评价项目		评价标准	分值	得分
考勤（10%）		无迟到、早退、旷课现象	10	
试验过程（50%）	仪器使用	能正确使用仪器设备	10	
	操作步骤	试验操作规范	10	
	试验态度	严谨、主动、肯干；工匠意识强	10	
	协调能力	与小组成员能紧密配合，协同工作	10	
	职业素质	能做到规范、安全、文明试验，初步具有工匠精神。能爱护设备、保持实验室整洁	10	
项目成果（40%）	工作规范	能查阅、理解、使用技术规范	10	
	试验完整	能按时、按质、按量完成试验任务	10	
	试验结果	能准确记录、分析、处理试验结果；能规范填写试验报告	20	
合　计			100	
综合评价	自评 30%	教师评价 70%	合计	

学习情景 24　石子压碎值试验

24.1　试验目的
测定石子在一定压力作用下抵抗压碎的能力，以间接地推测其强度。

24.2　试验原理
将粒径 10～20mm 的石子装入测定仪，按规定加压，石子强度越大，则抵抗破碎的能力越强，破碎成细颗粒（粒径小于 2.5mm）的量占总量就越小。

24.3　试验仪器
（1）压力机：压力不小于 300kN。
（2）天平：分度值不大于 1g。
（3）压碎值测定仪：结构如图 24.1 所示。
（4）试验筛：筛孔尺寸分别为 20mm、10mm、2.5mm 的方孔筛。
（5）其他：金属托盘、毛刷等。

24.4　试验条件
实验室温度为（20±5）℃。

24.5　试验准备
检查实验室温度是否满足要求。

24.6　试验步骤
（1）取适量有代表性的 5～20mm 粒级风干粗骨料，用 10mm 和 20mm 的筛，选取粒径大于 10mm 而小于 20mm 的粗骨料，并剔除其中的针片状颗粒。称取试样两份，每份约 3kg（G_0，精确到 1g，下同），按下述步骤分别进行测试。当粗骨料由不同种类岩石组成时，应分别选样进行试验。对粒径大于 20mm 的天然粗骨料，应分粒级破碎后再进行试验。

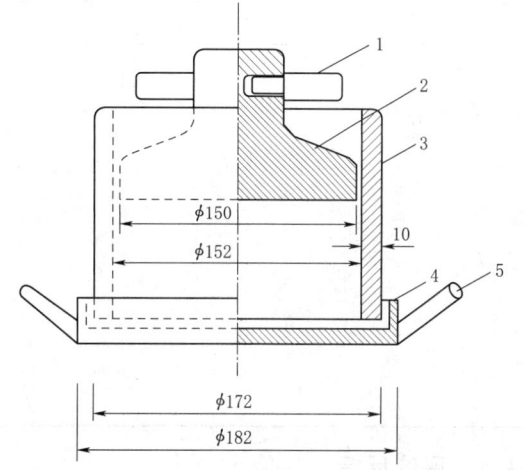

图 24.1　压碎值测定仪
1—压头把手；2—加压头；3—圆模；
4—底盘；5—底盘把手

（2）将压碎值测定仪的圆模置于底盘上，分两层装入试样。每装完一层，一只手按住圆模，另一只手将一边底盘把手提起 20mm，然后松手使其自由落下，两边交替，反复进行至每边提落 25 次。振完后，平整模内试样表面。

（3）将装有试样的圆模和底盘放入压力机，盖上加压头，调整加压头平正后，开动试验机在 3～5min 内均匀地加荷到 200kN，然后卸荷。取下压碎值测定仪，移去加压头，倒出试样，用 2.5mm 的筛筛除被压碎的细粒，并称出剩留在筛上的试样质量（G_1）。

24.7　试验结果计算及分析
（1）粗骨料压碎值按照式（24.1）计算：

$$Q_c = (G_0 - G_1)/G_0 \times 100\% \tag{24.1}$$

式中 Q_c——粗骨料压碎值;

G_0——试样质量,g;

G_1——压碎后筛余试样质量,g。

(2)结果判别。以两次测值的平均值作为试验结果(修约间隔0.1%),填入表24.1中。

表 24.1　　　　　　　　　　石子压碎值试验报告

石子种类				执行标准	
试验用石子粒径:				加荷速度:	
试验顺序	试样质量 G_0/g	压碎试验后2.5mm筛筛余质量 G_1/g		石子压碎值 Q_c/%	平均值
1					
2					
注　$Q_c = (G_0 - G_1)/G_0 \times 100\%$					
试验结果分析:					

24.8　评价反馈

24.8.1　学生自评

学生进行自我评价,并将结果填入表24.2中。

表 24.2　　　　　　　　　　学 生 自 评 表

班级:		姓名:	学号:	
学习情景24		石子压碎值试验		
评价项目	评价标准		分值	得分
试验原理	能正确理解试验原理		15	
试验步骤	能熟练按规范或规程实操		45	
试验结果	能正确分析与处理试验数据		20	
试验现象	能分析试验现象产生的原因		20	

24.8.2　教师评价

教师对学生试验过程与试验结果进行评价,并将评价结果填入表24.3中。

表 24.3　　　　　　　　　　教 师 综 合 评 价 表

班级：		姓名：	学号：	
学习情景 24		石子压碎值试验		
评价项目		评 价 标 准	分值	得分
考勤（10%）		无迟到、早退、旷课现象	10	
试验过程（50%）	仪器使用	能正确使用仪器设备	10	
	操作步骤	试验操作规范	10	
	试验态度	严谨、主动、肯干；工匠意识强	10	
	协调能力	与小组成员能紧密配合，协同工作	10	
	职业素质	能做到规范、安全、文明试验，初步具有工匠精神。能爱护设备、保持实验室整洁	10	
项目成果（40%）	工作规范	能查阅、理解、使用技术规范	10	
	试验完整	能按时、按质、按量完成试验任务	10	
	试验结果	能准确记录、分析、处理试验结果；能规范填写试验报告	20	
合　　计			100	
综合评价	自评30%	教师评价70%	合计	

项目四

混凝土性能检测

学习情景 25　混凝土拌和物坍落度与扩展度试验

25.1　试验目的

（1）本试验用于测定混凝土拌和物的坍落度，适用于骨料粒径不超过 40mm、坍落度 10～230mm 的混凝土。

（2）本试验用于测定混凝土拌和物的扩展度，适用于骨料粒径不超过 40mm、坍落度大于 150mm 的混凝土。

25.2　试验原理

混凝土拌和物在自重作用下产生坍落与扩展，根据其坍落度与扩展度的大小来评定流动性；根据拌和物稀浆泌出的多少评定保水性，以反映其稳定性；根据拌和物是否会产生崩坍或剪坏现象评定各组分的黏聚力，以反映其保持整体均匀的能力。拌和物的流动性来源于水，黏聚性、保水性（析水情况）依靠胶凝材料浆与砂的用量；调整水用量（保持水胶比不变）、砂用量（或砂率）即可改善拌和物的和易性。掺减水剂等外加剂的拌和物，调整外加剂用量可快速调整和易性，且显著节约胶凝材料。

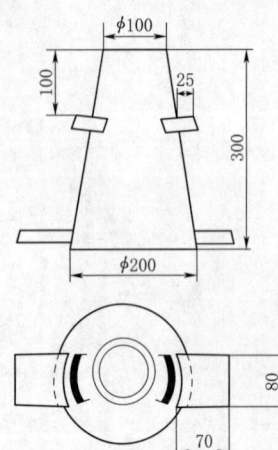

图 25.1　坍落度筒示意图
（单位：mm）

25.3　试验仪器

（1）坍落度仪包括以下部分，应符合《混凝土坍落度仪校验方法》(SL 131—2017) 的规定。

1）坍落度筒：用 2～3mm 厚的铁皮制成，形状尺寸如图 25.1 所示。

2）捣棒：直径（16±0.5）mm，长约 650mm，一端为弹头形的金属圆棒。

3）底板：钢制，平面尺寸不小于 0.8m×0.8m，厚度不小于 5mm，水平放置，底部充实。

（2）40mm 方孔试验筛。

（3）钢直尺：标称长度 300mm，分度值不大于 1mm 一把；标称长度 1m，分度值不大于 1mm 一把。

(4) 其他：装料漏斗、抹刀、小铁铲、温度计等。

25.4 试验条件

实验室温度为（20±5）℃。

25.5 试验准备

检查实验室温度是否满足要求。

25.6 试验步骤

25.6.1 坍落度试验步骤

（1）按混凝土拌和物制作和取样方法拌制混凝土，应采用湿筛法筛除粒径大于40mm的骨料。

（2）用湿布将坍落度筒内壁、底板表面润湿，将坍落度筒放在底板中间，用双脚踏紧踏板。

（3）将混凝土拌和物用小铁铲通过装料漏斗分三层装入筒内，每层体积大致相等。底层厚约70mm，中层厚约90mm。每装一层，用捣棒在筒内从边缘到中心按螺旋形均匀插捣25次。底层插捣深度应穿透该层，中层、上层插捣深度应分别插进其下层10~20mm。当混凝土坍落度大于210mm时，拌和物宜一次性装入坍落度筒内，按前述方法插捣25次，捣棒每次均应插入到拌和物底部。

（4）上层插捣完毕，取下装料漏斗，用抹刀将混凝土拌和物沿筒口抹平，并清除筒外周围的混凝土。

（5）将坍落度筒匀速竖直提起，让混凝土拌和物试样自行坍落。当试样不再继续坍落时，将坍落度筒轻放于试样旁边，用钢直尺量出试样顶部中心点与坍落度筒顶部之差，即为坍落度值。

（6）试样应四周均匀坍落，若试样发生一边坍陷或剪坏，则该次试验作废，应取另一部分试样重做试验。

（7）整个坍落度试验过程应连续，并在2~3min内完成。每次试验后及时冲洗清理干净坍落度筒内壁。

25.6.2 扩展度试验步骤

（1）按混凝土拌和物制作和取样方法拌制混凝土，用湿筛法筛除粒径大于40mm的骨料。

（2）按上述25.6.1（2）~（4）进行试验操作。当混凝土坍落度大于210mm以上时，拌和物宜一次性装入坍落度筒内，捣棒每次均应插到拌和物底部。

（3）将坍落度筒竖直提起，让混凝土拌和物自行扩展。当拌和物不再扩展或扩展时间达到60s时，用钢直尺在2~4个不同方向（应包括最大直径以及其垂直方向）量取拌和物扩展后的直径（精确到1mm）。

（4）整个扩展度试验应连续进行，并应在4~5min内完成。

25.6.3 坍落度、扩展度的调整

若坍落度、扩展度不满足设计与施工要求，应进行调整。调整方法：保持水胶比不变，尽量采用较少的胶凝材料用量，以节约胶凝材料为原则，通过调整外加剂用量与砂率，使混凝土坍落度、扩展度符合设计与施工要求。对于掺减水剂的混凝

土，调整减水剂用量可快捷地调整坍落度、扩展度且有利于节约胶凝材料；调整砂率，也能调整坍落度、扩展度。

25.7 试验结果计算及分析

25.7.1 坍落度试验结果

（1）混凝土拌和物的坍落度以 mm 计，取整数。

（2）在测定坍落度的同时，可目测评定混凝土拌和物的下列性质。

1）棍度。根据做坍落度时插捣混凝土的难易程度分为上、中、下三级。上级表示容易插捣；中级表示插捣时稍有阻滞感觉；下级表示很难插捣。

2）黏聚性。用捣棒在做完坍落度的试样一侧中部轻打，如试样保持原状而渐渐下沉，表示黏聚性较好；若试样突然坍倒、部分崩裂或发生粗骨料离析现象，表示黏聚性不好。

3）含砂情况。根据抹刀抹平程度分多、中、少三级。多砂表示用抹刀抹混凝土拌和物表面时，抹 1~2 次就可使混凝土表面平整无蜂窝；中砂表示抹 4~5 次就可使混凝土表面平整无蜂窝；少砂表示抹面困难，抹 8~9 次后混凝土表面仍不能消除蜂窝。

4）析水情况。根据水分从混凝土拌和物中析出的情况分多量、少量、无三级。多量表示在插捣时及提起坍落度筒后有较多水分从底部析出；少量表示有少量水分析出；无表示没有明显的析水现象。

25.7.2 扩展度试验结果

混凝土拌和物的扩展度以扩散后的 2~4 个直径测值的平均值作为结果（以 mm 计，取整数），填入表 25.1 中。

表 25.1　　　　　　　混凝土拌和物坍落度与扩展度试验报告

执行标准									
混凝土设计强度等级：C 标准差 σ= MPa			设计坍落度 T= mm 设计扩展度 K= mm				水泥强度等级； 水泥强度： MPa		
材料	初步设计用量		调整用量						符合和易性要求的材料用量
	每方用量 kg	试拌用量 kg	调整次数1		调整次数2		调整次数3		符合和易性要求试拌用量 kg	符合和易性要求单位体积用量 kg
			%	kg	%	kg	%	kg		
水										
水泥										
掺合料										
砂										
石子										
外加剂										
坍落度/mm										
扩展度/mm										
黏聚性										1. 析水情况：分为多量、少量、无 3 级； 2. 棍度：分为上、中、下 3 级； 3. 含砂情况：分为多、中、少 3 级。
保水性（析水情况）										
棍度										
含砂情况										

续表

符合和易性要求的拌和物表观密度 ρ_m	$\rho_m=$ kg/m³
初步（理论）配合比	$m_{C0}:m_{f0}:m_{s0}:m_{g0}:m_{w0}=$
调整后符合和易性要求的配合比（基准配合比）	$m_C:m_f:m_s:m_g:m_w=$
试验结果分析：	

25.8 评价反馈

25.8.1 学生自评

学生进行自我评价，并将结果填入表 25.2 中。

表 25.2　　　　　　　　　　　学 生 自 评 表

班级：	姓名：	学号：	
学习情景 25	混凝土拌和物坍落度与扩展度试验		
评价项目	评价标准	分值	得分
试验原理	能正确理解试验原理	15	
试验步骤	能熟练按规范或规程实操	45	
试验结果	能正确分析与处理试验数据	20	
试验现象	能分析试验现象产生的原因	20	

25.8.2 教师评价

教师对学生试验过程与试验结果进行评价，并将评价结果填入表 25.3 中。

表 25.3　　　　　　　　　　　教 师 综 合 评 价 表

班级：		姓名：	学号：		
学习情景 25		混凝土拌和物坍落度与扩展度试验			
评价项目		评价标准		分值	得分
考勤（10%）		无迟到、早退、旷课现象		10	
试验过程（50%）	仪器使用	能正确使用仪器设备		10	
	操作步骤	试验操作规范		10	
	试验态度	严谨、主动、肯干；工匠意识强		10	
	协调能力	与小组成员能紧密配合，协同工作		10	
	职业素质	能做到规范、安全、文明试验，初步具有工匠精神。能爱护设备、保持实验室整洁		10	
项目成果（40%）	工作规范	能查阅、理解、使用技术规范		10	
	试验完整	能按时、按质、按量完成试验任务		10	
	试验结果	能准确记录、分析、处理试验结果；能规范填写试验报告		20	
合　　计				100	
综合评价		自评30%	教师评价70%	合计	

学习情景 26　混凝土拌和物表观密度试验

26.1　试验目的
测定混凝土拌和物表观密度，以评定其是否达到设计值及用以校正 $1m^3$ 混凝土各材料的实际用量；也可用来计算混凝土的含气量等。

26.2　试验原理
按材料表观密度定义进行测定，即测定混凝土拌和物捣实时单位体积的质量。

26.3　仪器设备
(1) 容量筒：容积 10L、20L、30L、80L，内径与内深接近的钢制容器，应符合《容量筒校验方法》(SL 127—2017) 的规定。
(2) 振动台：频率 (50±3)Hz，空载时台面中心振幅 (0.5±0.1)mm。
(3) 秤：分度值不大于 0.01kg。
(4) 其他：捣棒、玻璃板、钢直尺或金属直杆、抹刀等。

26.4　试验条件
实验室温度为 (20±5)℃。

26.5　试验准备
检查实验室温度是否满足要求。

26.6　试验步骤
(1) 根据骨料最大粒径按照表 26.1 选用相应规格的容量筒，称出空容量筒质量（G_1，精确到 0.01kg，下同），并按照《容量筒校验方法》(SL 127—2017) 校准实际容积（V）。

表 26.1　　　　　　　容量筒的规格要求

	石子最大粒径/mm	20	40	80.0	150 (120)
容量筒	容积/L	10	20	30	80
	内径/mm	234±1.5	294±2	337±2	467±2.5
	内深/mm	234±1.5	294±2	337±2	467±2.5
	壁厚/mm	≥2	≥3	≥4	≥5
	底厚/mm	≥5	≥5	≥6	≥6

(2) 按混凝土拌和物制作和取样方法制备混凝土。
(3) 将混凝土拌和物装入容量筒内，在振动台上振至表面泛浆。10L 以上容量筒应分两次装料和振实。若用人工插捣，则将混凝土拌和物分层装入筒内，每层厚度不超过 150mm，用捣棒从边缘至中心螺旋形插捣，底层插捣至底面，以上各层插入其下层 10~20mm。每层插捣次数应满足表 26.2 的规定。

表 26.2　　　　　　　每层插捣次数要求

容量筒容积/L	10	20	30	80
每层插捣次数	25	40	50	72

(4) 用钢直尺或金属直杆竖起来沿筒口刮除多余的拌和物，并来回抹平表面，将容量筒外部擦净，称出容量筒和混凝土总质量（G_2）。

26.7 试验结果计算及分析

（1）混凝土拌和物表观密度按式（26.1）计算（修约间隔 10kg/m³）：

$$\rho_m = (G_2 - G_1)/V \times 100\% \tag{26.1}$$

式中 ρ_m——混凝土拌和物的表观密度，kg/m³；

   G_1——容量筒质量，kg；

   G_2——混凝土拌和物及容量筒总质量，kg；

   V——容量筒的容积，L。

（2）当已知所用原材料表观密度时，可按照式（26.2）计算混凝土拌和物理论含气量（修约间隔 0.1%）。单位体积混凝土中各原材料用量应按照《水工混凝土试验规程》（SL/T 352—2020）附录 A.4.2 校正。

$$Q_a = (\rho_0 - \rho_m)/\rho_0 \times 100\% \tag{26.2}$$

$$\rho_0 = (C+A+S+G+W)/(C/\rho_C + A/\rho_A + S/\rho_S + G/\rho_G + W/\rho_w) \tag{26.3}$$

式中 Q_a——混凝土拌和物的理论含气量；

      ρ_0——不含气时混凝土拌和物的理论密度，kg/m³；

$C、A、S、G、W$——单位体积混凝土中水泥、掺合料、细骨料、粗骨料及水的用量，kg/m³；

  $\rho_C、\rho_A、\rho_w$——水泥、掺合料、水的密度，kg/m³；

    $\rho_S、\rho_G$——细骨料、粗骨料的饱和面干表观密度，kg/m³。

试验及计算结果填入表 26.3 中。

表 26.3   混凝土拌和物表观密度试验报告

执行标准			混凝土捣实方式	
1. 混凝土表观密度计算				
容量筒质量 G_1/kg	混凝土与容量筒质量 G_2/kg		容量筒容积 V/L	混凝土拌和物表观密度 ρ_m/(kg/m³)
2. 混凝土含气量计算				
混凝土拌和物表观密度 ρ_m/(kg/m³)		混凝土拌和物理论密度 ρ_0/(kg/m³)		混凝土拌和物理论含气量 Q_a/%
试验结果分析：				

26.8 评价反馈
26.8.1 学生自评
学生进行自我评价，并将结果填入表 26.4 中。

表 26.4　　　　　　　　　　学　生　自　评　表

班级：		姓名：	学号：	
学习情景 26		混凝土拌和物表观密度试验		
评价项目	评价标准		分值	得分
试验原理	能正确理解试验原理		15	
试验步骤	能熟练按规范或规程实操		45	
试验结果	能正确分析与处理试验数据		20	
试验现象	能分析试验现象产生的原因		20	

26.8.2 教师评价
教师对学生试验过程与试验结果进行评价，并将评价结果填入表 26.5 中。

表 26.5　　　　　　　　　教 师 综 合 评 价 表

班级：		姓名：	学号：	
学习情景 26		混凝土拌和物表观密度试验		
评价项目		评价标准	分值	得分
考勤（10%）		无迟到、早退、旷课现象	10	
试验过程（50%）	仪器使用	能正确使用仪器设备	10	
	操作步骤	试验操作规范	10	
	试验态度	严谨、主动、肯干；工匠意识强	10	
	协调能力	与小组成员能紧密配合，协同工作	10	
	职业素质	能做到规范、安全、文明试验，初步具有工匠精神。能爱护设备、保持实验室整洁	10	
项目成果（40%）	工作规范	能查阅、理解、使用技术规范	10	
	试验完整	能按时、按质、按量完成试验任务	10	
	试验结果	能准确记录、分析、处理试验结果；能规范填写试验报告	20	
合　　计			100	
综合评价	自评 30%	教师评价 70%	合计	

学习情景 27　混凝土强度试件制作试验

27.1　试验目的
成型与养护混凝土试件，检测混凝土强度，评定混凝土质量。

27.2　试验原理
混凝土试件的成型与养护方法用于制备混凝土试件，适用于骨料粒径不大于 40mm 的常态混凝土拌和物。按统一方法制备混凝土强度试件，使检测结果符合混凝土基本力学性能规律及测试值具有可比性。

27.3　仪器设备
（1）试模：由钢或铸铁制作，也可选用不吸水且不易发生变形的其他材质试模。试模应拼装牢固，具有水密性，振捣时不应变形、漏浆。试模应满足边长偏差不应大于边长的 1/150，角度偏差不应超过 0.5°，平整度偏差不应超过边长的 0.05%。其他要求应符合《混凝土试模校验方法》（SL 130—2017）的规定。

（2）振动台：频率（50±3）Hz，空载时台面中心振幅（0.5±0.1）mm，额定荷载不小于 200kg。其他要求应符合《混凝土试验用振动台校验方法》（SL 129—2017）的规定。

（3）捣棒：直径（16±0.5）mm，长约 650mm，一端为弹头形的金属圆棒。

（4）试验筛：筛孔尺寸 40mm 或 30mm 的方孔筛，宜采用金属丝编织网筛。

（5）其他：铁铲、抹刀、橡胶锤、毛笔等。

（6）标准养护室：应控制室内温度（20±2）℃，相对湿度 95% 以上。应为雾室，保证试件表面呈潮湿状态，但不应被水直接淋刷。在断电情况下，5h 内养护室内温度变化不应超过 2℃。其他要求应满足《水工混凝土标准养护室检验方法》（SL 138—2011）的规定。在没有标准养护室时，试件可在（20±2）℃的饱和石灰水［或 $Ca(OH)_2$ 饱和溶液］中养护，但应在报告中注明。

27.4　试验条件
实验室温度为（20±5）℃，标准养护室为（20±2）℃。

27.5　试验准备
检查实验室温度是否满足要求。

27.6　试验步骤

27.6.1　选用试模
制作试件前，按照表 27.1 规定的试件尺寸选用试模，并检查试模装配情况。试模内壁应均匀涂刷一薄层脱模材料，脱模材料不应与胶凝材料反应，并应符合试验方法的要求。

27.6.2　制备拌和物
按混凝土拌和物制作和取样方法制备混凝土拌和物。若骨料粒径超过模腔最小尺寸的 1/3 时，应在成型前用湿筛法筛除大骨料。

表 27.1　　　　　　　　　　水工混凝土试件尺寸与试模

试件类别	抗压试件、劈裂抗拉试件、抗剪试件	抗弯试件	轴向抗拉试件	静压弹模试件、轴心抗压试件	徐变试件
试模模腔形式	立方体	棱柱体	棱柱体或圆柱体	圆柱体	圆柱体
试模模腔形式尺寸	边长 150mm	150mm×150mm×550mm（或 600mm）	棱柱体：中部截面 100mm×100mm；圆柱体：直径 150mm。纯拉段长度不小于 200mm	φ150mm×300mm	φ150mm×450mm（压）φ150mm×500mm（拉）

注　本表只列出了力学性能用、有承压面（拉）的试件，其他如干缩、抗冻、抗渗、抗冲磨、碳化等的试件与试模可按有关试验方法的要求选用。

27.6.3　试件制作

混凝土拌和物的密实方法根据混凝土拌和物的坍落度而定，采用捣棒人工捣实的拌和物坍落度宜大于 90mm。

（1）采用振动台或振动棒振实时，可将混凝土拌和物一次装入试模，装料时用抹刀或捣棒沿试模内壁略加插捣，并使混凝土拌和物略高出试模口。振动台振动时间不宜超过 30s。振动持续到混凝土表面出浆且无明显大气泡溢出时立刻停止，不应过振，避免造成拌和物分层和含气量损失。试模不应在振动台上跳动，可采用磁力吸附或其他方式压紧试模。如用振动棒，应竖直插入并避免接触试模。一次装料厚度不宜超过 200mm，对于弹模、徐变等试件，可分 2～3 次装料；装满后堆料不应高出试模口过多，应边振动边补料，以免浆体溢出损失。

（2）采用捣棒人工捣实时，混凝土拌和物应分层装入模内，每层的装料厚度大致相等，并不大于 100mm。插捣应按螺旋方向从边缘向中心均匀进行，插捣时捣棒应保持垂直。插捣底层时，捣棒应达到试模底面，插捣上层时，捣棒应穿至下层 20～30mm。每层的插捣次数每 100cm² 不宜少于 12 次，以插捣密实为准。最后还应用抹刀沿试模内壁插入数次，或用橡皮锤均匀敲击试模侧壁，直至无明显大气泡溢出且捣痕消失。

（3）拌和物密实后，用抹刀刮除多余拌和物，如有不足，取少量砂浆补平并拍打密实，试件表面宜比试模边缘略高。在混凝土初凝前 1～2h，再次用抹刀进行抹面并抹光（如有泌水沉降现象应记录，并用少量水泥浆补平）。在混凝土初凝后或拆模前，在试件表面写上编号，编号应能持久可辨。

27.6.4　试件成型、拆模及养护

（1）试件成型后，在（20±5）℃的室内带模静置 24～48h 后拆模（以拆模时试件不掉角为准）。试件在静置过程中应摆放水平，用湿布或塑料薄膜覆盖，并避免受到振动和冲击。试件拆模后应立即放入（20±2）℃标准养护室中养护，彼此间隔 10～20mm 架空放置。

（2）拆模后，应将试模内外清理干净。钢或铸铁制作的试模，宜在内壁均匀地刷一薄层脱模材料，防止生锈。

（3）混凝土终凝8h后或试件具有足够的强度后方可搬运。在搬运过程中，应采用合适的衬垫材料保护试件免受损伤，并采用塑料薄膜包裹或用湿麻袋覆盖试件。

27.6.5 试件缺陷判别以及处理

试件从养护室取出后，应目测检查试件，如有较大缺损、鼓包、开裂、坑凹、扭曲等缺陷应废弃。在测试前，按试验方法要求测量试件尺寸，应满足表27.2的规定，试验方法另有规定的除外。试件形位偏差的检测方法按《混凝土试模校验方法》（SL 130—2017）的规定执行，不满足下表27.2的规定时，应进行加工处理。

表27.2 水工混凝土试件的尺寸偏差和形位偏差要求

试件形式	尺寸偏差/mm	承压面平面度偏差/mm	侧与底垂直度偏差/(°)	平直度偏差/mm
立方体	长、宽：±0.6%公称尺寸；高：±1.0%公称尺寸	0.05%边长	0.5	—
圆柱体	直径：±0.6%公称尺寸；高：±1.0%公称尺寸	0.05%直径	0.5	—
棱柱体	宽、棱长：±0.6%公称尺寸；高：±1.0%公称尺寸	0.05%棱长	0.5	±0.2

27.6.6 试件龄期

试件的龄期从搅拌加水起算。到达规定试验龄期时，从养护室取出试件后应尽快测试，开始测试时间的允许偏差应符合表27.3的规定。

表27.3 水工混凝土试件开始测试时间的允许偏差

试验龄期/d	3	7	28	56	90	180	360
开始测试时间的允许偏差/h	±2	±4	±8	±24	±24	±48	±72

27.7 试验结果计算及分析

试件边长、允许骨料最大粒径、每层插捣次数、强度换算系数关系见表27.4。混凝土强度试件制作基本信息见表27.5。

表27.4 试件边长、允许骨料最大粒径、每层插捣次数、强度换算系数关系表

试件边长/(mm×mm×mm)	允许骨料最大粒径/mm	每层插捣次数	强度换算系数
100×100×100	30	12	0.95
150×150×150	40	25	1.00
200×200×200	60	50	1.05

表27.5 混凝土强度试件制作基本信息表

试件成型日期		试件拆模日期	
执行标准		试件编号	
粗骨料最大粒径		试件尺寸	
密实方法		养护条件	
养护龄期		试模材质	

27.8 评价反馈

27.8.1 学生自评

学生进行自我评价,并将结果填入表 27.6 中。

表 27.6 学 生 自 评 表

班级:		姓名:	学号:	
学习情景 27		混凝土强度试件制作试验		
评价项目	评价标准		分值	得分
试验原理	能正确理解试验原理		15	
试验步骤	能熟练按规范或规程实操		45	
试验结果	能正确分析与处理试验数据		20	
试验现象	能分析试验现象产生的原因		20	

27.8.2 教师评价

教师对学生试验过程与试验结果进行评价,并将评价结果填入表 27.7 中。

表 27.7 教师综合评价表

班级:			姓名:	学号:	
学习情景 27			混凝土强度试件制作试验		
评价项目		评价标准		分值	得分
考勤(10%)		无迟到、早退、旷课现象		10	
试验过程(50%)	仪器使用	能正确使用仪器设备		10	
	操作步骤	试验操作规范		10	
	试验态度	严谨、主动、肯干;工匠意识强		10	
	协调能力	与小组成员能紧密配合,协同工作		10	
	职业素质	能做到规范、安全、文明试验,初步具有工匠精神。能爱护设备、保持实验室整洁		10	
项目成果(40%)	工作规范	能查阅、理解、使用技术规范		10	
	试验完整	能按时、按质、按量完成试验任务		10	
	试验结果	能准确记录、分析、处理试验结果;能规范填写试验报告		20	
合 计				100	
综合评价	自评 30%		教师评价 70%	合计	

学习情景 28　混凝土抗压强度试验

28.1　试验目的
测定混凝土立方体抗压强度,评定混凝土质量。

28.2　试验原理
测定混凝土在一定试验条件下抵抗(或产生)压应力的能力。

28.3　仪器设备
(1) 试验机:压力机或万能试验机,试件的预计破坏荷载宜在试验机全量程的 20%~80%。应符合《液压式万能试验机》(GB/T 3159—2008)及《试验机 通用技术要求》(GB/T 2611—2022)的规定,且级别不应低于 1 级。

(2) 钢质垫板:垫板应大于试件的承压面积,厚度不小于 25mm。垫板表面应平整光滑,平面度偏差不大于边长的 0.02%,表面粗糙度 R_a 不大于 $0.80\mu m$,表面硬度不小于 55HRC,硬化层厚度不小于 5mm。

(3) 钢质球座:球面及球窝粗糙度 R_a 不大于 $0.32\mu m$,转动灵活。其他要求同钢质垫板。当压力机的上压板不带球座,或压板尺寸相对于试件尺寸过大时,应在试件与上压板间加一个合适尺寸的球座。对小试件不应使用大球座。

(4) 卡尺:分度值不大于 0.1mm。

(5) 钢直尺:分度值不大于 1mm。

(6) 其他:万能角度尺、刀口形直尺、塞尺等。

28.4　试验条件
实验室温度为 (20 ± 5)℃。

28.5　试验准备
检查实验室温度是否满足要求。

28.6　抗压强度试验步骤
(1) 按规定制作和养护并加工处理到达规定试验龄期的试件,每组 3 个试件。抗压强度采用边长 150mm 的立方体试件,在成型前用湿筛法筛除粒径大于 40mm 的骨料。

(2) 到达规定试验龄期时,从养护室取出试件,用湿布覆盖试件,保持试件潮湿状态。

(3) 试验前将试件擦拭干净,检查外观,在上、下承压面中部相垂直位置测量宽度(精确到1mm)。试件的外观及偏差应满足规定。

(4) 将试验机上、下压板擦拭干净。将试件放在试验机下压板中部,以成型时侧面为承压面。如有必要,在试验机上、下压板与试件之间加入钢垫板,在上压板与试件之间正中位置夹放钢质球座。

(5) 设定试验机加载速度为 18~30MPa/min;开动试验机,当上压板与垫板将接触时,调整球座使试件受压均匀。使试验机连续而均匀地加荷直至试件破坏,记录破坏荷载(P,精确到 0.01kN)。如手动控制加载速度,当试件接近破坏而开始迅速变形时,应停止调整试验机油门直至试件破坏。

(6)停机后取下试件,观察破坏后试件的形貌,如有明显的非均匀受压破坏的现象,应做记录。

28.7 试验结果计算及分析

(1)混凝土立方体抗压强度按照式(28.1)计算:

$$f_{cc}=P/A\times 1000 \qquad (28.1)$$

式中　f_{cc}——抗压强度,MPa;

　　　P——破坏荷载,kN;

　　　A——试件承压面积,mm²。

(2)以3个试件测值的平均值作为该组试件的抗压强度试验结果(修约间隔0.1MPa),填入表28.1中。当有一个测值与中间值之差超过中间值的15%时,取中间值作为试验结果。当有两个测值与中间值之差超过中间值的15%时,该组试验结果无效。

表 28.1　　　　　　　　　混凝土抗压强度试验报告

试件尺寸		养护条件		养护龄期	
加荷速度		测强日期		执行标准	
试件编号		1	2		3
破坏荷载 P/N					
承压面积 A/mm²					
抗压强度 f_{cc}/MPa					
抗压强度平均值/MPa					
换算成28d强度/MPa					
换算成标准尺寸强度/MPa					
试验结果分析:					

28.8 评价反馈

28.8.1 学生自评

学生进行自我评价,并将结果填入表28.2中。

表 28.2　　　　　　　　　学　生　自　评　表

班级:		姓名:	学号:	
学习情景28		混凝土抗压强度试验		
评价项目	评价标准			分值	得分
试验原理	能正确理解试验原理			15	
试验步骤	能熟练按规范或规程实操			45	
试验结果	能正确分析与处理试验数据			20	
试验现象	能分析试验现象产生的原因			20	

28.8.2 教师评价

教师对学生试验过程与试验结果进行评价,并将评价结果填入表 28.3 中。

表 28.3 教 师 综 合 评 价 表

班级:		姓名:	学号:	
学习情景 28		混凝土抗压强度试验		
评价项目		评 价 标 准	分值	得分
考勤(10%)		无迟到、早退、旷课现象	10	
试验过程(50%)	仪器使用	能正确使用仪器设备	10	
	操作步骤	试验操作规范	10	
	试验态度	严谨、主动、肯干;工匠意识强	10	
	协调能力	与小组成员能紧密配合,协同工作	10	
	职业素质	能做到规范、安全、文明试验,初步具有工匠精神。能爱护设备、保持实验室整洁	10	
项目成果(40%)	工作规范	能查阅、理解、使用技术规范	10	
	试验完整	能按时、按质、按量完成试验任务	10	
	试验结果	能准确记录、分析、处理试验结果;能规范填写试验报告	20	
		合 计	100	
综合评价	自评30%	教师评价70%	合计	

学习情景 29 粉煤灰需水量比试验

29.1 试验目的
测定粉煤灰需水量比,以评定粉煤灰质量。

29.2 试验原理
粉煤灰的细度、粒形、级配、表面状态、电位等与标准水泥有异,使得水对粉煤灰、标准水泥的吸附、分散、润湿等效果不同,达到相同胶砂流动度两者的加水量就不一样。粉煤灰是混凝土的掺合料,粉煤灰需水量是指其在混凝土中的需水量,以粉煤灰在掺30%粉煤灰的试验胶砂(配合比拟合了掺粉煤灰混凝土配合比统计值)中的需水行为来模拟粉煤灰在混凝土中的需水行为。实际试验时,检测试验胶砂与对比胶砂(标准水泥胶砂,且加水量固定)的流动度,两者达到相同流动度时的加水量之比为粉煤灰需水量比。

29.3 试验仪器
(1) 天平:量程不小于1000g,最小分度值不大于1g。
(2) 胶砂搅拌机:符合《水泥胶砂强度检验方法(ISO法)》(GB/T 17671—2021)规定的行星式水泥胶砂搅拌机。
(3) 流动度跳桌:符合《水泥胶砂流动度测定方法》(GB/T 2419—2005)规定。

29.4 试验条件
实验室的温度应保持在(20±2)℃,相对湿度不应低于50%。

29.5 试验准备
检查实验室温、湿度是否满足要求。

29.6 试验步骤
(1) 胶砂配合比按表29.1进行。

表 29.1　　　　粉煤灰需水量比试验用胶砂配合比　　　　单位:g

胶砂种类	对比水泥	试验样品		标准砂
		对比水泥	粉煤灰	
对比胶砂	250	—	—	750
试验胶砂	—	175	75	750

(2) 对比胶砂和试验胶砂分别按《水泥胶砂强度检验方法(ISO法)》(GB/T 17671—2021)规定进行搅拌。对比胶砂的加水量为125g。
(3) 搅拌后的对比胶砂和试验胶砂分别按《水泥胶砂流动度测定方法》(GB/T 2419—2005)测定流动度。当试验胶砂流动度达到对比胶砂流动度 L_0 的±2mm时,记录此时的加水量 m;当试验胶砂流动度超出对比胶砂流动度 L_0 的±2mm时,重新调整加水量,直至试验胶砂流动度达到对比胶砂流动度 L_0 的±2mm为止。

29.7 试验结果及分析

试验结果填入表 29.2。

(1) 需水量比按式（29.1）计算，结果保留至 1%。

$$X = m/125 \times 100 \qquad (29.1)$$

式中　X——需水量比，%；

　　　m——试验胶砂流动度达到对比胶砂流动度 L_0 的 ±2mm 时的加水量，g；

　　　125——对比胶砂的加水量，g。

(2) 试验结果有矛盾或需要仲裁检验时，对比水泥宜采用《强度检验用水泥标准样品》(GSB 14-1510)。

表 29.2　　　　　　　　　粉煤灰需水量比试验报告

执行标准				
胶砂配合比				
胶砂种类	对比水泥	试验样品		标准砂
		对比水泥	粉煤灰	
对比胶砂/g	250	—	—	750
试验胶砂/g	—	175	75	750
粉煤灰需水量比				
项目	对比胶砂		试验胶砂	
胶砂流动度/mm	$L_0=$		$L=L_0\pm2$	
加水量/g	125			
粉煤灰需水量比				

29.8 评价反馈

29.8.1 学生自评

学生进行自我评价，并将结果填入表 29.3 中。

表 29.3　　　　　　　　　学　生　自　评　表

班级：	姓名：	学号：	
学习情景 29	粉煤灰需水量比试验		
评价项目	评　价　标　准	分值	得分
试验原理	能正确理解试验原理	15	
试验步骤	能熟练按规范或规程实操	45	
试验结果	能正确分析与处理试验数据	20	
试验现象	能分析试验现象产生的原因	20	

29.8.2 教师评价

教师对学生试验过程与试验结果进行评价，并将评价结果填入表 29.4 中。

表 29.4　　　　　　　　　　教师综合评价表

班级：		姓名：		学号：	
学习情景 29			粉煤灰需水量比试验		
评价项目		评价标准		分值	得分
考勤（10%）		无迟到、早退、旷课现象		10	
试验过程（50%）	仪器使用	能正确使用仪器设备		10	
	操作步骤	试验操作规范		10	
	试验态度	严谨、主动、肯干；工匠意识强		10	
	协调能力	与小组成员能紧密配合，协同工作		10	
	职业素质	能做到规范、安全、文明试验，初步具有工匠精神。能爱护设备、保持实验室整洁		10	
项目成果（40%）	工作规范	能查阅、理解、使用技术规范		10	
	试验完整	能按时、按质、按量完成试验任务		10	
	试验结果	能准确记录、分析、处理试验结果；能规范填写试验报告		20	
合　计				100	
综合评价	自评 30%		教师评价 70%		合计

项目五

砂浆性能检测

学习情景 30　砂浆稠度试验

30.1　试验目的

本试验用于测定砂浆的流动性或施工时控制砂浆用水量，适用于稠度小于 120mm 的砂浆。

30.2　试验原理

砂浆越稀，其流动性越大，对沉入其中的一定质量试锥的阻力就越小，沉入的深度（沉入度）就越大，以此评定砂浆稠度。砂浆的流动性直接来源于水（也包括掺加料石灰膏中的水），调整水、石灰膏用量，就可调整砂浆稠度。

30.3　试验仪器

（1）砂浆稠度仪：由试锥、容器和支座三部分组成，如图 30.1 所示。试锥高度为 145mm，锥底直径为 75mm，试锥连同滑杆的质量为 300g。盛砂浆容器由钢板制成，筒高为 180mm，锥筒上口内径为 150mm。支座分底座、支架及稠度显示盘 3 个部分，由铸铁、钢及其他金属制成。应及时用少量润滑油轻擦滑杆，再将滑杆上多余的油用吸油纸擦净，使滑杆能自由滑动。

（2）捣棒：直径 12mm，长 250mm，一端为弹头形的金属棒。

（3）其他：秒表等。

30.4　试验条件

实验室的温度应保持在（20±5）℃。

30.5　试验准备

检查实验室温、湿度是否满足要求。

30.6　试验步骤

（1）按规定制备砂浆。

（2）将圆锥容器和试锥表面用湿布擦干净。检查滑

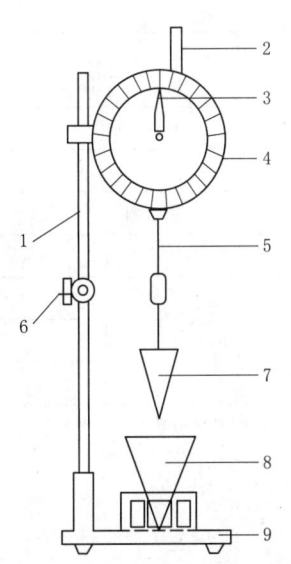

图 30.1　砂浆稠度仪示意图
1—支架；2—齿条测杆；3—指针；
4—稠度显示盘；5—滑杆；
6—固定螺钉；7—试锥；
8—圆锥容器；9—底座

杆滑动是否顺畅。

（3）将砂浆拌和物一次装入容器，使砂浆表面低于容器口 10mm 左右，用捣棒自容器中心向边缘插捣 25 次，然后轻轻地将容器摇动或敲击 5～6 次，使砂浆表面平整，随后将容器置于稠度测定仪的底座上。

（4）拧开试锥滑杆的制动螺丝，向下移动滑杆，当试锥尖端与砂浆表面刚接触时，拧紧制动螺丝，使齿条测杆下端刚接触滑杆上端，并将指针对准零点。

（5）拧开制动螺丝，同时计时，经 10s 立即拧紧制动螺丝，将齿条测杆下端接触滑杆上端，从刻度盘上读出试锥下沉深度（准至 1mm）即为砂浆的稠度值。

（6）圆锥形容器内的砂浆只允许测定一次稠度，重复测定时，应重新取样。

30.7 试验结果及分析

（1）以两次测值的平均值作为试验结果（修约间隔为 1mm），填入表 30.1 中。

（2）两次测值之差如大于 20mm，则应另取砂浆搅拌后重新测定。

表 30.1　　　　　　　　砂浆稠度试验报告

执行标准				
1. 原材料性能	水泥实际强度 /MPa	砂堆积密度 /(kg/m³)	石灰膏沉入度 /mm	水
2. 砂浆设计要求	强度等级	稠度（沉入度）/mm	分层度 /mm	保水率 /%
砂浆拌和物性能试验				
材料	每方用量（理论配比）/kg	试拌用量 /kg	设计稠度：	
水泥	C_0：			
砂	S_0：		实测稠度：	
掺合料（石灰膏）	D_0：			
水	W_0：			
沉入度	第一次			
	第二次			
	平均值			
试验结果分析：				

30.8 评价反馈

30.8.1 学生自评

学生进行自我评价，并将结果填入表 30.2 中。

表 30.2　　　　　　　　　　　学 生 自 评 表

班级：	姓名：	学号：	
学习情景 30	砂浆稠度试验		
评价项目	评价标准	分值	得分
试验原理	能正确理解试验原理	15	
试验步骤	能熟练按规范或规程实操	45	
试验结果	能正确分析与处理试验数据	20	
试验现象	能分析试验现象产生的原因	20	

30.8.2 教师评价

教师对学生试验过程与试验结果进行评价，并将评价结果填入表 30.3 中。

表 30.3　　　　　　　　　　　教 师 综 合 评 价 表

班级：		姓名：	学号：	
学习情景 30		砂浆稠度试验		
评价项目		评价标准	分值	得分
考勤（10%）		无迟到、早退、旷课现象	10	
试验过程（50%）	仪器使用	能正确使用仪器设备	10	
	操作步骤	试验操作规范	10	
	试验态度	严谨、主动、肯干；工匠意识强	10	
	协调能力	与小组成员能紧密配合，协同工作	10	
	职业素质	能做到规范、安全、文明试验，初步具有工匠精神。能爱护设备、保持实验室整洁	10	
项目成果（40%）	工作规范	能查阅、理解、使用技术规范	10	
	试验完整	能按时、按质、按量完成试验任务	10	
	试验结果	能准确记录、分析、处理试验结果；能规范填写试验报告	20	
合　　计			100	
综合评价	自评 30%	教师评价 70%	合计	

学习情景 31　砂浆分层度试验

31.1　试验目的
本方法适用于测定砂浆拌和物在运输及停放时内部组分的稳定性。

31.2　试验原理
砂浆中水的密度最小，若保水性不好，未被细微颗粒吸附的水（游离水）就会受其他材料的重力排挤而上升，使得其内部水分分布不均匀，即不同部位的稠度发生变化，根据稠度稳定性来推定其保水性。保水性依赖胶凝材料、掺加料等细微颗粒（包括砂中细颗粒）用量，调整细微颗粒用量可调整砂浆保水性。

31.3　仪器设备
（1）砂浆分层度筒：如图31.1所示，内径为150mm，上节高度为200mm，下节带底净高为100mm，用金属板制成，上、下层连接处需加宽到3～5mm，并设有橡胶垫圈。

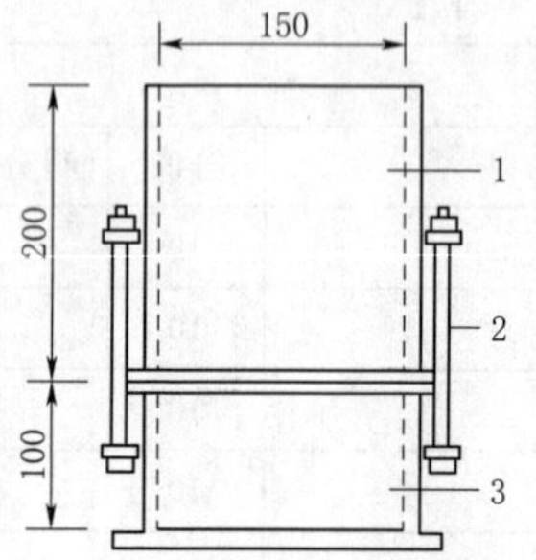

（2）振动台：振幅（0.5±0.05）mm，频率（50±3）Hz。

（3）稠度仪、木槌等。

图 31.1　砂浆分层度测定仪示意图（单位：mm）
1—无底圆筒；2—连接螺栓；3—有底圆筒

31.4　试验条件
实验室的温度应保持在（20±5）℃。

31.5　试验准备
检查实验室温、湿度是否满足要求。

31.6　试验步骤
（1）先测定砂浆拌和物的稠度，即沉入度 K_1（mm），取两次的平均值。

（2）将砂浆拌和物一次装入分层度筒内，待装满后，用木槌在容器周围距离大致相等的四个不同部位轻轻敲击1～2下，如砂浆沉落到低于筒口，则应随时添加，然后刮去多余的砂浆并用抹刀抹平。

（3）静置30min后，去掉上节200mm砂浆，剩余的100mm砂浆倒出拌2min，再测其稠度 K_2(mm)，取两次的平均值。前后测得的稠度之差即为该砂浆的分层度值 ΔK(mm)。

注：也可采用快速法测定分层度（代用法），其步骤是：①先测定稠度 K_1(mm)；②将分层度筒预先固定在振动台上，砂浆一次装入分层度筒内，振动20s；③去掉上节200mm砂浆，剩余100mm砂浆倒出拌2min，再测其稠度 K_2(mm)，前后测得的稠度之差即为该砂浆的分层度值 ΔK(mm)。但如有争议时，以标准法为准。

31.7　试验结果计算及分析
（1）取两次试验结果的算术平均值作为该砂浆的分层度值，填入表31.1中。

（2）两次分层度试验值之差如大于10mm，应重新取样测定。

表 31.1　　　　　　　　　　分层度试验报告

执行标准				
材料性能	水泥实际强度 /MPa	砂堆积密度 /(kg/m³)	石灰膏稠度 /mm	水
砂浆设计要求	强度等级	稠度（沉入度） /mm	分层度 /mm	保水率 /%
砂浆分层度试验结果				
分层度测定	砂浆沉入度/mm	第一次 K'		设计分层度：
		第二次 K''		
		平均值 K_1		实测分层度：
	静置 30min 或振动 20s 下节砂浆沉入度/mm	第一次 K'		
		第二次 K''		
		平均值 K_2		
	分层度 $\Delta K = K_1 - K_2$			
试验结果分析：				

31.8　评价反馈

31.8.1　学生自评

学生进行自我评价，并将结果填入表 31.2 中。

表 31.2　　　　　　　　　　学 生 自 评 表

班级：		姓名：	学号：
学习情景 31		砂浆分层度试验	
评价项目	评价标准	分值	得分
试验原理	能正确理解试验原理	15	
试验步骤	能熟练按规范或规程实操	45	
试验结果	能正确分析与处理试验数据	20	
试验现象	能分析试验现象产生的原因	20	

31.8.2 教师评价

教师对学生试验过程与试验结果进行评价,并将评价结果填入表31.3中。

表31.3　　　　　　　　　　教师综合评价表

班级:		姓名:		学号:	
学习情景31		砂浆分层度试验			
评价项目		评价标准		分值	得分
考勤(10%)		无迟到、早退、旷课现象		10	
试验过程(50%)	仪器使用	能正确使用仪器设备		10	
	操作步骤	试验操作规范		10	
	试验态度	严谨、主动、肯干;工匠意识强		10	
	协调能力	与小组成员能紧密配合,协同工作		10	
	职业素质	能做到规范、安全、文明试验,初步具有工匠精神。能爱护设备、保持实验室整洁		10	
项目成果(40%)	工作规范	能查阅、理解、使用技术规范		10	
	试验完整	能按时、按质、按量完成试验任务		10	
	试验结果	能准确记录、分析、处理试验结果;能规范填写试验报告		20	
合　计				100	
综合评价	自评30%		教师评价70%	合计	

学习情景 32　砂浆保水率试验

32.1　试验目的
本方法适用于测定砂浆保水性，以判定砂浆拌和物在运输及停放时内部组分的稳定性。

32.2　试验原理
砂浆中水的密度最小，若保水性不好，未被细微颗粒吸附的水（游离水）就会受其他材料的重力排挤而上升，使得砂浆内部水分分布不均匀，即不同部位的流动性发生变化。采用中速定性滤纸的吸附性并压重以加速砂浆中游离水的析出，滤纸从砂浆中吸附的水量占拌和水量的百分数即为泌水率，保水率＝100％－泌水率。砂浆的保水率越大，保水性越好，流动性越稳定，砂浆内部性能越均匀，硬化后抗压强度等性能越好。砂浆保水性依赖胶凝材料、掺加料等细微颗粒（包括砂中的细颗粒）的用量，调整细微颗粒的用量可达到调整砂浆保水性的目的。

32.3　仪器设备
（1）金属或硬塑料圆环试模：内径 100mm、内部高度 25mm。
（2）可密封的取样容器：应清洁、干燥。
（3）重物：2kg 的重物。
（4）医用棉纱：尺寸为 110mm×110mm，宜选用纱线稀疏、厚度较薄的棉纱。
（5）超白滤纸：符合《化学分析滤纸》（GB/T 1914—2017）中速定性滤纸。直径 110mm，200g/m^2。
（6）2片金属或玻璃的方形或圆形不透水片：边长或直径大于 110mm。
（7）天平：量程 200g，感量 0.1g；量程 2000g，感量 1g。
（8）烘箱：满足烘箱相关规定。

32.4　试验条件
实验室的温度应保持在（20±5）℃。

32.5　试验准备
检查实验室温湿度是否满足要求。

32.6　试验步骤
（1）称量下不透水片与干燥试模质量 m_1 和 8 片中速定性滤纸质量 m_2。
（2）将砂浆拌和物一次性填入试模，并用抹刀插捣数次，当填充砂浆略高于试模边缘时，用抹刀以 45°角一次性将试模表面多余的砂浆刮去，然后再用抹刀以较平的角度在试模表面反方向将砂浆刮平。
（3）抹掉试模边的砂浆，称量试模、下不透水片与砂浆总质量 m_3。
（4）用 2 片医用棉纱覆盖在砂浆表面，再在棉纱表面放上 8 片滤纸，用不透水片盖在滤纸表面，以 2kg 的重物压住不透水片。
（5）静止 2min 后移走重物及不透水片，取出滤纸（不包括棉纱），迅速称量滤纸质量 m_4。

32.7 试验结果计算及分析

32.7.1 砂浆保水率的计算

砂浆保水率按式（32.1）计算。

$$W=[1-(m_4-m_2)/\alpha(m_3-m_1)]\times 100\% \tag{32.1}$$

式中 W——砂浆保水率，%；

m_1——下不透水片与干燥试模的质量，g；

m_2——8片滤纸吸水前的质量，g；

m_3——试模、下不透水片与砂浆的总质量，g；

m_4——8片滤纸吸水后的质量，g；

α——砂浆含水率，%。

取两次试验结果的平均值作为结果，如两个测定值中有1个超出平均值的5%，则此组试验结果无效。

32.7.2 砂浆含水率的确定

（1）计算法。从砂浆的配比及加水量计算砂浆的含水率（表32.1），若无法计算，可按（2）规定测定砂浆的含水率。

表32.1　　　　　　　　　　砂浆保水率试验报告

砂浆含水率	计算法	砂浆中总水量/g		砂浆总质量/g		砂浆含水率α/%	
	试验法	砂浆样本总质量 m_6/g		烘干砂浆质量 m_7/g		烘干后砂浆损失的质量 m_5/g	砂浆含水率 α/%
砂浆保水率	试验次数	下不透水片与试模质量 m_1/g	8片滤纸吸水前的质量 m_2/g	试模、下不透水片与砂浆总质量 m_3/g	8片滤纸吸水后质量 m_4/g	砂浆保水率/%	平均值/%
	第1次						
	第2次						
试验结果分析：							

（2）试验法。称取100g砂浆拌和物试样m_6，置于一干燥并已称重的盘中，在（105±5）℃的烘箱中烘干至恒重，记为m_7。砂浆含水率按式（32.2）计算：

$$\alpha=m_5/m_6\times 100\% \tag{32.2}$$

式中 α——砂浆含水率，%；

m_5——烘干后砂浆样本损失的质量（m_6-m_7），g；

m_6——砂浆样本的总质量，g；

砂浆含水率值应精确至0.1%。

32.8 评价反馈

32.8.1 学生自评

学生进行自我评价,并将结果填入表32.2中。

表 32.2　　　　　　　　　　　　学 生 自 评 表

班级:		姓名:	学号:	
学习情景32		砂浆保水率试验		
评价项目		评价标准	分值	得分
试验原理		能正确理解试验原理	15	
试验步骤		能熟练按规范或规程实操	45	
试验结果		能正确分析与处理试验数据	20	
试验现象		能分析试验现象产生的原因	20	

32.8.2 教师评价

教师对学生试验过程与试验结果进行评价,并将评价结果填入表32.3中。

表 32.3　　　　　　　　　　　　教 师 综 合 评 价 表

班级:		姓名:	学号:	
学习情景32		砂浆保水率试验		
评价项目		评价标准	分值	得分
考勤(10%)		无迟到、早退、旷课现象	10	
试验过程 (50%)	仪器使用	能正确使用仪器设备	10	
	操作步骤	试验操作规范	10	
	试验态度	严谨、主动、肯干;工匠意识强	10	
	协调能力	与小组成员能紧密配合,协同工作	10	
	职业素质	能做到规范、安全、文明试验,初步具有工匠精神。能爱护设备、保持实验室整洁	10	
项目成果 (40%)	工作规范	能查阅、理解、使用技术规范	10	
	试验完整	能按时、按质、按量完成试验任务	10	
	试验结果	能准确记录、分析、处理试验结果;能规范填写试验报告	20	
合　　计			100	
综合评价		自评30%	教师评价70%	合计

学习情景33　砂浆抗压强度试验

33.1　试验目的
本试验用于测定砂浆抗压强度。

33.2　试验原理
测定砂浆在一定试验条件下抵抗（或产生）压应力的能力。

33.3　仪器设备
（1）压力机：压力机或万能试验机，试件的预计破坏荷载宜在试验机全量程的20%～80%。应符合《液压式万能试验机》（GB/T 3159—2008）及《试验机 通用技术要求》（GB/T 2611—2022）的规定，且级别不应低于1级。

（2）试模：边长70.7mm的立方体金属试模或塑料试模。试模应具有足够的刚度并拆装方便，试模的内表面应机械加工，其平整度偏差不得超过边长的0.05%。组装后各相邻面的垂直度允许偏差应为±0.5°。

（3）捣棒：直径12mm、长250mm，一端为弹头形的金属捣棒。

33.4　试验条件
实验室的温度应保持在（20±5）℃。

33.5　试验准备
检查实验室温湿度是否满足要求。

33.6　试验步骤
（1）按规定的砂浆室内拌和方法制备砂浆；检测施工砂浆强度，应从现场取样。

（2）在试模内涂一薄层矿物油，装入砂浆并高出模口，用捣棒插捣25次。如采用振动台成型时，可振动15s；如采用跳桌成型时，跳动120次。试验以3个试件为一组。

（3）砂浆成型后经1～2h后用镘刀刮去多余砂浆，并抹平试件表面，编号，在（20±5）℃温度环境下停置一昼夜（24±2）h，必要时，可适当延长时间，但不应超过两昼夜。试件拆模后，应在标准养护室养护。

（4）养护至规定试验龄期，取出试件并擦净表面，立即进行抗压试验。待压试件需用湿布覆盖，试件表面不应干燥。

（5）测量尺寸，并检查其外观；试件尺寸测量准至1mm，并据此计算试件的承压面积；如实测尺寸与公称尺寸之差不超过1mm，可按公称尺寸进行计算。

（6）将试件放在试验机下压板正中间，上、下压板与试件之间宜垫以钢垫板。加压方向应与试件捣实方向垂直。开动试验机，当上压板与上垫板将要接触时，如有明显偏斜，应调整球座，使试件均匀受压。

（7）以0.3～0.5MPa/s的速度连续而均匀地加荷，当试件接近破坏而开始迅速变形时，停止调整试验机油门，直至试件破坏，记录破坏荷载。

33.7 试验结果计算与分析

(1) 砂浆抗压强度按照式 (33.1) 计算:

$$f_{cc} = P/A \times 1000 \qquad (33.1)$$

式中 f_{cc}——抗压强度,MPa;

P——破坏荷载,N;

A——试件承压面积,mm^2。

(2) 以 3 个试件测值的平均值作为该组试件的抗压强度试验结果(修约间隔 0.1MPa),填入表 33.1 中。当有一个测值与中间值之差超过中间值的 15% 时,取中间值作为试验结果。当有两个测值与中间值之差超过中间值的 15% 时,该组试验结果无效。

表 33.1   砂浆抗压强度试验报告

执行标准				
试件尺寸:		养护龄期:	加荷速度:	
试件编号		1	2	3
破坏荷载/N				
承压面积/mm^2				
抗压强度/MPa				
抗压强度平均值/MPa				
28d 抗压强度值/MPa				
若是砌砖砂浆,则换算成 28d 砖底模抗压强度/MPa				
试验结果分析:				

33.8 评价反馈

33.8.1 学生自评

学生进行自我评价,并将结果填入表 33.2 中。

表 33.2   学 生 自 评 表

班级:	姓名:		学号:
学习情景 33	砂浆抗压强度试验		
评价项目	评价标准	分值	得分
试验原理	能正确理解试验原理	15	
试验步骤	能熟练按规范或规程实操	45	
试验结果	能正确分析与处理试验数据	20	
试验现象	能分析试验现象产生的原因	20	

33.8.2 教师评价

教师对学生试验过程与试验结果进行评价，并将评价结果填入表 33.3 中。

表 33.3　　　　　　　　　　教师综合评价表

班级：		姓名：	学号：	
学习情景 33		砂浆抗压强度试验		
评价项目		评价标准	分值	得分
考勤（10%）		无迟到、早退、旷课现象	10	
试验过程（50%）	仪器使用	能正确使用仪器设备	10	
	操作步骤	试验操作规范	10	
	试验态度	严谨、主动、肯干；工匠意识强	10	
	协调能力	与小组成员能紧密配合，协同工作	10	
	职业素质	能做到规范、安全、文明试验，初步具有工匠精神。能爱护设备、保持实验室整洁	10	
项目成果（40%）	工作规范	能查阅、理解、使用技术规范	10	
	试验完整	能按时、按质、按量完成试验任务	10	
	试验结果	能准确记录、分析、处理试验结果；能规范填写试验报告	20	
合　计			100	
综合评价	自评 30%	教师评价 70%	合计	

项目六

钢 筋 性 能 检 测

学习情景 34　钢 筋 拉 伸 试 验

34.1　试验目的

测定钢筋的上屈服强度 R_{eH}、下屈服强度 R_{eL}、抗拉强度 R_m、断后伸长率 A、最大力总延伸率 A_{gt} 等指标，评定钢筋拉伸性能是否合格。

34.2　试验原理

根据测得的屈服荷载、极限荷载计算屈服强度、抗拉强度，以评定钢筋强度性能；测定断后伸长率、最大力总延伸率，以评定其塑性及缺陷情况。

34.3　仪器设备

万能材料试验机、游标卡尺、打点机等。

34.4　试验环境

除非另有规定，试验一般在室温 10～35℃ 范围内进行。对温度要求严格的试验，试验温度应为（23±5）℃。

34.5　试验准备

（1）检查实验室温、湿度是否满足要求。

（2）试样的一般规定。

1）制取：除非供需双方另有协议或产品标准有规定，试样应从符合交货状态的钢材上制取。

2）矫直：对于从盘卷（盘条或钢丝）上制取的试样，在任何试验前应进行简单的弯曲使试样平直，并确保最小的塑性变形。试样的矫直方式（手工、机械）应记录在试验报告中。

3）人工时效：测定室温拉伸试验的性能指标时，可根据产品标准的要求对矫直后的试样进行人工时效。

当产品标准没有规定人工时效工艺时，可采用下列工艺条件：加热试样到 100℃，在（100±10）℃下保温 60～75min，然后在静止的空气中自然冷却到室温。

如果对试样进行人工时效，人工时效的工艺条件应记录在试验报告中。

4）组批规则：钢筋应按批进行检查和验收，每批由同一牌号、同一炉罐号、同一尺寸的钢筋组成。每批重量通常不大于60t，超过60t的部分，每增加40t（或不足40t的余数），增加一个拉伸试验试样。

（3）试样制作。

1）试样长度：从试验单元（验收批）按取样方法取2根试样。试样夹持端的形状应适合于试验机的夹头。平行长度 L_c 应大于原始标距 L_0。

2）原始横截面积的测定：宜在试样平行长度中心区域以足够的点数测量试样的相关尺寸。原始横截面积 S，是平均横截面积，应根据测量的尺寸计算。

3）除非在相关产品标准中另有规定，对于拉伸性能（R_{eH}、R_{eL}、R_m）的计算，原始横截面积应采用公称横截面积。

4）原始标距的标记：除去上、下夹头需夹持的部分后，用打点机在钢筋表面全长度沿轴线方向按5mm或10mm间距打点，以便计算断后伸长率 A、最大力总延伸率 A_{gt}。

34.6 试验步骤

（1）夹持试样：应使用例如楔形夹头、螺纹夹头、平推夹头、套环夹具等合适的夹具夹持试样。应尽最大努力确保夹持的试样受轴向拉力的作用，尽量减小弯曲。启动油泵。

（2）设定试验力零点：在试验加载链装配完成后，试样两端被夹持之前，应设定力测量系统的零点。一旦设定了力值零点，在试验期间力测量系统不能再发生变化。

（3）试验速率的控制。

1）上屈服强度 R_{eH}。在弹性范围和直至上屈服强度，试验机夹头的分离速率应尽可能保持恒定在6~60MPa/s应力速率范围内。

2）下屈服强度 R_{eL}。在试样平行长度的屈服期间应变速率应在0.00025~0.0025s^{-1}之间。平行长度内的应变速率应尽可能保持恒定。如不能直接调节这一应变速率，应通过调节屈服即将开始前的应力速率来调整，在屈服完成之前不再调节试验机的控制。任何情况下，弹性范围内的应力速率不得超过60MPa/s。

3）抗拉强度 R_m。测定屈服强度后，试验速率可以增加到不大于0.008s^{-1}的应变速率（或等效的横梁分离速率）。

（4）各强度的测定。

（5）继续加荷，直至拉断试样：经过强化阶段后进入破坏阶段（颈缩阶段）。继续加荷，试样承载力下降，测力值持续回降，试样被急剧拉长拉细，直至被拉断。

（6）各伸长率的测定。

34.7 试验结果计算与分析

34.7.1 各强度的确定

1. 上屈服强度 R_{eH} 的测定

上屈服强度 R_{eH} 可以从力－延伸曲线图或峰值力显示器上测得，定义为力首次下降前的最大力值对应的应力。

2. 下屈服强度 R_{eL} 的测定

下屈服强度 R_{eL} 可以从力－延伸曲线上测得，定义为不计初始瞬时效应时屈服阶段中的最小力所对应的应力。

对于上、下屈服强度位置判定的基本原则如下：

（1）屈服前的第 1 个峰值应力（第 1 个极大值应力）判为上屈服强度，不管其后的峰值应力比它大或比它小。

（2）屈服阶段中如呈现两个或两个以上的谷值应力，舍去第 1 个谷值应力（第 1 个极小值应力）不计，取其余谷值应力中最小的判为下屈服强度。如只呈现 1 个下降谷，此谷值应力判为下屈服强度。

（3）屈服阶段中呈现屈服平台，平台应力判为下屈服强度；如呈现多个而且后者高于前者的屈服平台，判第 1 个平台应力为下屈服强度。

（4）正确的判定结果应是下屈服强度一定低于上屈服强度。

3. 抗拉强度 R_m 的测定

R_m 为整个拉伸过程中的最大应力。

34.7.2 各伸长率的确定

1. 断后伸长率 A 的测定

A 为断后标距的残余伸长（$L_u - L_0$）与原始标距（L_0）之比的百分率。为了测定断后伸长率 A，应将试样断裂的部分仔细地配接在一起使其轴线处于同一直线上，并采取特别措施确保试样断裂部分适当接触后测量试样断后标距 L_u。这对小横截面试样和低伸长率试样尤为重要。原始标距长度应为 5 倍的产品公称直径 d。

2. 最大力总延伸率 A_{gt} 的测定

最大力总延伸率 A_{gt} 采用手工法测定，按式（34.1）计算：

$$A_{gt} = A_r + R_m/2000 \tag{34.1}$$

式中 A_{gt}——最大力总延伸率，%；

A_r——断后均匀伸长率，%；

R_m——抗拉强度，MPa；

2000——根据碳钢弹性模量得出的系数（不锈钢的系数应由产品标准给出的数值代替，或者相关方约定的适当值代替），MPa。

其中，断后均匀伸长率 A_r 的测定应参考《金属材料　拉伸试验　第 1 部分：室温试验方法》（GB/T 228.1—2021）中断后伸长率 A 的测定方式进行。除非另有规定，原始标距 L'_0 应为 100mm。当试样断裂后，选择较长的一段试样测量断后标距 L'_u，测量方法如图 34.1 所示，并按照式（34.2）计算 A_r，其中断口和标距之间的距离 r_2 至少为 50mm 或 $2d$（选择较大者）。当夹持部位和标距之间的距离 r_1 小于 20mm 或 d（选择较大者）时，该试验可视为无效。

$$A_r = (L'_u - L'_0) \times 100 \tag{34.2}$$

式中 L'_u——手工法测定 A_{gt} 时的断后标距，mm；

L'_0——手工法测定 A_{gt} 时的原始标距，mm；

100——比例系数，无量纲。

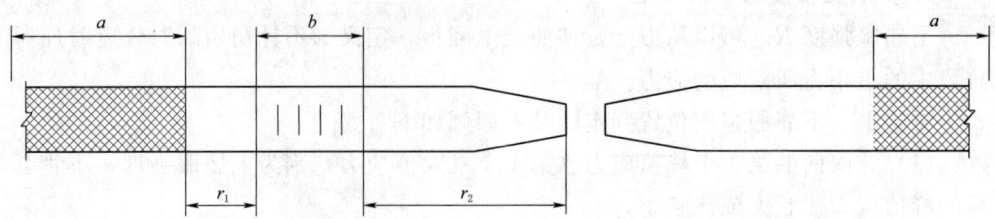

图 34.1　用手工法测量 A_{gt} 示意图

a—夹持部位；b—手工法测定 A_{gt} 时的断后标距（L'_u）；r_1—手工测定 A_{gt} 时夹持部位和断后标距（L'_u）之间的距离；r_2—手工测定 A_{gt} 时断口和断后标距（L'_u）之间的距离

34.7.3　数值修约

(1)《金属材料　拉伸试验　第 1 部分：室温试验方法》（GB/T 228.1—2021）。试验测定的性能结果数值应按照相关产品标准的要求进行修约。如未规定具体要求，应按照如下要求进行修约：

1) 强度性能值修约至 1MPa。

2) 屈服点延伸率修约至 0.1%，其他延伸率和断后伸长率修约至 0.5%。

(2)《冶金技术标准的数值修约与检测数值的判定》（YB/T 081—2013）。

1) 当 R_{eH}、R_{eL}、$R_m \leqslant 200$MPa 时，修约至 1MPa；当 $200 < R_{eH}$、R_{eL}、$R_m \leqslant 1000$MPa 时，修约至 5MPa；当 >1000MPa 时，修约至 10MPa。

2) A_{gt} 修约至 0.1%。

3) 当 $A \leqslant 10\%$，修约至 0.5%；当 $A > 10\%$，修约至 1%。

34.7.4　产品合格标准

(1) 按产品标准规定，若 R_{eH}、R_{eL}、R_m、A、A_{gt}、R_m/R_{eH}、R_{eL}^0/R_{eL} 均满足要求，则判定试样为合格。若非全部满足要求，则判定试样为不合格。

(2)《钢及钢产品交货一般技术要求》（GB/T 17505—2016）规定：若 2 根试样合格，则该试验单元（验收批）钢筋拉伸性能合格。若 2 根试样至少有 1 根试样不合格，制造商可以判废试验单元，也可复验。应取双倍数量试样进行复验，若复验时全部试样合格，则试验单元（验收批）钢筋拉伸性能合格；反之，试验单元不合格。

试验结果填入表 34.1。

表 34.1　　　　　　　　钢筋拉伸试验报告

试验日期		室内温度		相对湿度	
钢筋品种及牌号		执行标准			
试件直径 $d =$　　　　mm			试件受拉面积 $S =$　　　　mm^2		
颈缩区断后伸长率 A 计算用试件标距 $L_0 =$　　　　　　　　　　mm					
非颈缩区最大力总延伸率 A_{gt} 计算用试件标距 $L_0 =$　　　　　　　　mm					

续表

试件编号	屈服时指针首次回转前的最大力 F_{eH}/N	上屈服强度 R_{eH}/MPa	屈服阶段不计初始瞬时效应时的最小力 F_{eL}/N	下屈服强度 R_{eL}/MPa	最大拉力 F_m/N	抗拉强度 R_m/MPa	拉断后颈缩区标距 L_u/mm	断后伸长率 A /%	拉断后非颈缩区标距 L'_u/mm	最大力总延伸率 A_{gt}/%
1										
2										
钢筋拉伸性能合格性：										
试验结果分析：										

34.8 评价反馈

34.8.1 学生自评

学生进行自我评价，并将结果填入表34.2中。

表34.2　　　　　　　　　　　学 生 自 评 表

班级：	姓名：	学号：	
学习情景34	钢筋拉伸试验		
评价项目	评价标准	分值	得分
试验原理	能正确理解试验原理	15	
试验步骤	能熟练按规范或规程实操	45	
试验结果	能正确分析与处理试验数据	20	
试验现象	能分析试验现象产生的原因	20	

34.8.2 教师评价

教师对学生试验过程与试验结果进行评价，并将评价结果填入表34.3中。

表34.3　　　　　　　　　　　教 师 综 合 评 价 表

班级：		姓名：	学号：	
学习情景34		钢筋拉伸试验		
评价项目		评价标准	分值	得分
考勤（10%）		无迟到、早退、旷课现象	10	
试验过程（50%）	仪器使用	能正确使用仪器设备	10	
	操作步骤	试验操作规范	10	
	试验态度	严谨、主动、肯干；工匠意识强	10	
	协调能力	与小组成员能紧密配合，协同工作	10	
	职业素质	能做到规范、安全、文明试验，初步具有工匠精神。能爱护设备、保持实验室整洁	10	
项目成果（40%）	工作规范	能查阅、理解、使用技术规范	10	
	试验完整	能按时、按质、按量完成试验任务	10	
	试验结果	能准确记录、分析、处理试验结果；能规范填写试验报告	20	
合　　计			100	
综合评价	自评30%	教师评价70%	合计	

学习情景35 钢筋弯曲试验

35.1 试验目的
检查钢筋在冷弯作用力下弯曲处的外表面及侧面是否有影响钢材表面质量的缺陷,测定其弯曲塑性变形能力。

35.2 试验原理
在规定的弯曲角度及弯心直径对试件厚度(或直径)的比值下,常温对钢材进行弯曲,使其局部发生非均匀变形,以检验其内部缺陷及其塑性等性能。

35.3 仪器设备
弯曲试验机、弯曲压头等。

35.4 试验环境
除非另有规定,弯曲试验应在10~35℃的温度下进行。

注:对于低温下的弯曲试验,如果协议没有规定试验条件,应采用±2℃的温度偏差。试样应浸入冷却介质中保持足够的时间,以确保试样的整体达到规定的温度(例如,对于液体介质至少保温10min,对于气体介质至少保温30min)。弯曲试验应在试样从冷却介质中移出5s内开始进行,移动试样应确保试样的温度在允许的温度范围内。

35.5 试验准备
(1) 检查实验室温湿度是否满足要求。

(2) 试样的一般规定。

1) 制取:除非供需双方另有协议或产品标准有规定,试样应从符合交货状态的钢材上制取。钢筋弯曲试验试样长度约为30~40cm,取样数量为2根。

2) 矫直:对于从盘卷(盘条或钢丝)上制取的试样,在任何试验前应进行简单的弯曲使试样平直,并确保最小的塑性变形。试样的矫直方式(手工、机械)应记录在试验报告中。

3) 组批规则:钢筋应按批进行检查和验收,每批由同一牌号、同一炉罐号、同一尺寸的钢筋组成。每批重量通常不大于60t。超过60t的部分,每增加40t(或不足40t的余数),增加一个弯曲试验试样。

35.6 试验步骤
(1) 试样应在弯芯上弯曲。

(2) 弯曲角度(γ)和弯芯直径(D)应符合相关产品标准规定。

1) 热轧光圆钢筋:

$$\gamma=180°,\ D=d \tag{35.1}$$

式中 D——弯芯直径,mm;

d——钢筋公称直径,mm。

2) 热轧带肋钢筋:

$$\gamma=180° \tag{35.2}$$

热轧带肋钢筋弯芯直径 D 见表 35.1。

表 35.1　　　　　　　　　　热轧带肋钢筋弯芯直径一览表

牌　号	公称直径 d/mm	弯芯直径 D/mm
HRB400 HRBF400 HRB400E HRBF400E	6～25	$4d$
	28～40	$5d$
	>40～50	$6d$
HRB500 HRBF500 HRB500E HRBF500E	6～25	$6d$
	28～40	$7d$
	>40～50	$8d$
HRB600	6～25	$6d$
	28～40	$7d$
	>40～50	$8d$

（3）按《金属材料　弯曲试验方法》（GB/T 232—2010）及《钢筋混凝土用钢材试验方法》（GB/T 28900—2012）进行试验。

（4）以相关产品标准规定的弯曲角度作为最小值；若规定弯芯直径（弯曲压头直径），以规定的弯芯直径作为最大值。

35.7　试验结果分析

（1）当产品标准没有规定时，若弯曲试样无目视可见裂纹，则判定试样为合格。

（2）《钢及钢产品　交货一般技术要求》（GB/T 17505—2016）规定：若2根试样弯曲合格，则该试验单元（验收批）钢筋弯曲合格；若2根试样至少有1根试样弯曲不合格，制造商可以判废试验单元，也可复验。应取双倍数量试样进行复验，若复验时全部试样弯曲合格，则试验单元（验收批）钢筋弯曲合格；反之，试验单元不合格。

试验结果填入表 35.2。

表 35.2　　　　　　　　　　钢筋弯曲试验报告

钢筋品种及牌号		钢筋产地		出厂日期	
执行标准					
基本信息		试件直径 $d=$		mm	
		试件长度 $L=$		mm	
弯曲制度		弯芯直径 $D=$		mm	
		弯芯直径 D 与钢筋直径 d 之比 $D/d=$			
		弯曲角度 $\gamma=$		度	
试件编号			1		2
弯曲后检查钢筋有无可见裂纹					
钢筋弯曲性能合格性判定					
试验结果分析：					

35.8 评价反馈

35.8.1 学生自评

学生进行自我评价，并将结果填入表 35.3 中。

表 35.3　　　　　　　　　　学 生 自 评 表

班级：	姓名：	学号：	
学习情景 35	钢筋弯曲试验		
评价项目	评 价 标 准	分值	得分
试验原理	能正确理解试验原理	15	
试验步骤	能熟练按规范或规程实操	45	
试验结果	能正确分析与处理试验数据	20	
试验现象	能分析试验现象产生的原因	20	

35.8.2 教师评价

教师对学生试验过程与试验结果进行评价，并将评价结果填入表 35.4 中。

表 35.4　　　　　　　　　　教 师 综 合 评 价 表

班级：		姓名：	学号：	
学习情景 35		钢筋弯曲试验		
评价项目		评 价 标 准	分值	得分
考勤（10%）		无迟到、早退、旷课现象	10	
试验过程（50%）	仪器使用	能正确使用仪器设备	10	
	操作步骤	试验操作规范	10	
	试验态度	严谨、主动、肯干；工匠意识强	10	
	协调能力	与小组成员能紧密配合，协同工作	10	
	职业素质	能做到规范、安全、文明试验，初步具有工匠精神。能爱护设备，保持实验室整洁	10	
项目成果（40%）	工作规范	能查阅、理解、使用技术规范	10	
	试验完整	能按时、按质、按量完成试验任务	10	
	试验结果	能准确记录、分析、处理试验结果；能规范填写试验报告	20	
合　　　计			100	
综合评价	自评 30%	教师评价 70%	合计	